水电站无压尾水洞引风技术及应用

余延顺　李先庭　石文星　王　政　著

科学出版社

北京

内 容 简 介

利用无压尾水洞引风对电站厂房进行通风空调是水电工程中一种特有的天然冷源利用方式,具有节能、环保和可再生的优点。本书结合当前无压尾水洞引风技术的研究与应用现状,对无压尾水洞引风技术的理论进行了系统、全面的阐述。全书共分 10 章,分别介绍了水库水温分布的预测方法、无压尾水洞引风热湿交换特性的现场测试及模拟试验、无压尾水洞引风热湿交换过程的理论模型及其热湿交换特性、长无压尾水洞引风过程的简化模型及其热工计算方法、有限长度无压尾水洞引风过程的改进模型、热工计算方法及引风参数二次喷淋控制技术,最后在理论研究基础上对无压尾水洞引风技术的工程应用进行了介绍。

本书可供广大从事水电暖通空调专业相关技术人员参考,也可供从事建筑环境与设备工程专业研究生与本科生阅读。

图书在版编目(CIP)数据

水电站无压尾水洞引风技术及应用/余延顺等著. —北京:科学出版社,2010.2
 ISBN 978-7-03-026516-6

Ⅰ.①水… Ⅱ.①余… Ⅲ.①水电站厂房-空气调节 Ⅳ.①TV731

中国版本图书馆 CIP 数据核字(2010)第 015606 号

责任编辑:牛宇锋 / 责任校对:陈玉凤
责任印制:赵 博 / 封面设计:耕者设计工作室

科 学 出 版 社 出版
北京东黄城根北街 16 号
邮政编码:100717
http://www.sciencep.com

丽 源 印 刷 厂 印刷
科学出版社发行 各地新华书店经销

*

2010 年 2 月第 一 版 开本:B5(720×1000)
2010 年 2 月第一次印刷 印张:11 1/2
印数:1—2 000 字数:219 000

定价:48.00 元
(如有印装质量问题,我社负责调换)

前　　言

随着经济的快速发展和人民生活水平的不断提高,人们对电力的需求越来越大。火力发电使用了不可再生的化石燃料,且在发电过程中会向大气排放大量的二氧化碳、氮氧化物、悬浮颗粒物等,而核能发电目前在安全性等方面还未完全得以保障,因此世界各国对水力发电的开发越来越重视。

我国水电资源非常丰富,从"十五"开始国家加大了水电的开发力度,目前正处于我国水电站建设的黄金时期。作为水电站内设备运行环境的安全保障和站内工作人员健康舒适的提供者,通风空调系统在水电站中具有重要的作用。

传统的通风空调系统通常采用交通洞或安装制冷系统进行新风冷却,前者性能不能保障,而后者投资和运行费用较高。利用水电站无压尾水洞进行新风的处理,可在夏季对新风进行降温和除湿,在冬季对新风进行加热和加湿,是一个大容量的天然"空调机"。该方案不仅节省初投资,也可大大节约运行费用,具有节能、环保和可再生的优点。

尽管无压尾水洞处理新风的方案已有工程案例,但人们对无压尾水洞的热湿传递规律掌握不是很透彻,也缺乏可靠的设计计算方法。本书通过实验测试和理论分析,对无压尾水洞引风系统的热湿传递机理和特性及其热工计算方法等相关理论进行了系统深入的研究,为水电站无压尾水洞引风技术的应用提供了理论基础。

本书由南京理工大学动力工程学院余延顺副教授、清华大学建筑技术科学系李先庭教授和石文星教授、国家电力公司成都勘测设计研究院王政高级工程师联合撰写,并得到江苏省自然科学基金创新人才启动项目(BK2007595)资助。在本书撰写过程中,南京理工大学动力工程学院的研究生牛艳青、林元同、施冠羽、马娟、李敏同学和清华大学建筑技术科学系的韩林俊、邵晓亮、王嘉、熊双、张晓灵、赵伟、周德海、朱奋飞、郜义军、彭军等同学帮助整理了大量资料,在此表示衷心的感谢!

由于作者水平所限,难免有不妥和疏漏之处,恳请读者给予批评指正。

作　者

2009 年 10 月 8 日于南京

主要符号表

符　号	符号意义	单　位	符　号	符号意义	单　位
A	1) 年变幅	℃	R	1) 水库宽深比	
	2) 空气流通面积	m^2		2) 气体常数	
a	导温系数	m^2/s	r	汽化潜热	kJ/kg
a_k, b_k, c_k	拟合系数		T, t	温度	℃
B	1) 水库水面的平均宽度	m	U	湿周	m
	2) 大气压力	Pa	u	速度	m/s
C	流量系数		V	体积	m^3
c, d, e, f	系数		V_c	水库总库容	m^3
c_{pa}	空气比热容	kJ/(kg·℃)		1) 多年平均年入库径流量	m^3
D, D_{iff}	质扩散系数	m^2/s	W	2) 湿交换量	kg/s
d	空气含湿量	kg/kg		3) 喷水量	kg/s
d_m	粒径	μm	W_h	一次洪水总流量	m^3
d_o	直径	mm	w	湿交换率	kg/s
E_f	传热效率	%	X	喷淋段长度	m
E_g	热交换效率	%	X_{eff}	有效作用长度	m
F_n	喷嘴喉部面积	m^2		1) x 轴坐标	m
Fr	弗劳德数		x	2) 系数	
G	质量流量	kg/s		3) 长度	m
g	重力加速度	m/s^2	Y	尾水洞长度	m
H	1) 喷淋段高度	m		1) y 轴坐标	m
	2) 水库深度	m	y	2) 系数	
i	焓值	kJ/kg		3) 深度	m
k	温度梯度	℃/m	z	z 轴坐标	m
L	1) 长度	m	θ	圆周角	rad
	2) 宽度	m	α	对流换热系数	W/(m²·℃)
M	湿交换量	kg/s	β	判别系数	
m	1) 质量流量	kg/s	β_d	以含湿量差为推动力的质传递系数	kg/(m²·s)
	2) 月份				
	3) 质量	kg	β_p	以水蒸气分压力差为推动力的质传递系数	kg/(m²·s·Pa)
m_1, m_2	系数				
N_d	液滴密度	个/m³	γ	系数	
n	1) 液滴数	个	ρ	密度	kg/m³
	2) 系数		ξ	系数	
P	压力	bar 或 Pa	φ	相对湿度	%
Q	热交换量	kW	τ	时间	月
q	1) 热交换率	W	ω	圆频率	rad/h
	2) 热流密度	W/m²	ε	相位差	月

符　号	符号意义	单　位	符　号	符号意义	单　位
Δ	差		loc	当地	
λ	导热系数	W/(m·℃)	m	平均	
δ	远边界层厚度	m	max	最大	
ν	运动黏滞系数	m²/s	n	喷嘴	
无量纲准则数			o	1) 初始 2) 参考	
Bi	毕渥数				
Le	刘易斯数		out	出口	
NTU	传热单元数		p	压力	
Re	雷诺数		s	湿球	
Sc	施密特数		sat	饱和	
Sh	舍伍德数		sr	表面	
下角标			std	标准	
a	大气		t	1) 温度 2) 总的	
b	壁面				
bt	底部		u	流速	
e	当量		v	水蒸气	
f	净值		w	水	
g	岩层		wb	湿球	
in,inlet	入口		x	显热	

目　　录

第1章 绪　　论

1.1 概　　述

　　我国是水电资源丰富的国家,有长江、黄河、珠江、澜沧江、雅鲁藏布江、怒江等大江大河丰富的水能资源,水电资源理论蕴藏量为 676GW,技术可开发量为4.93GW,经济可开发量为 378GW,年可发电能为 1920TW·h。其中我国东部地区占7%,开发率大于50%,西部地区占3/4,开发率仅8%[1]。然而与发达国家相比,我国的水电资源开发率还很低,目前实际利用水能资源仅占技术可开发量的16%[2],远远低于发达国家 50%～70%的开发利用水平,在一段时间内我国的水力资源开发潜力巨大。"十五"期间国家加大水电开发力度,积极开发西部水电资源,以实现"西电东送",重点开发黄河上游、长江中上游及其干支流、红水河、澜沧江中下游和乌江等流域,实行流域梯级滚动开发,力争 2015 年左右使中国电源结构中水电比重达到30%[3]。因此,在未来的一段时间内,无论是水电行业还是水电设备生产企业,必将迎来新的增速高峰,我国将会进入水电开发建设的"风光"时代。2006 年《中华人民共和国可再生能源法》的施行,标志着我国从立法层面开始对可再生能源发展给予高度重视,也预示着可再生能源将会得到史快发展。

　　伴随着水电行业的高速发展,目前规划、设计、建设的水电站数量越来越多,规模和容量也越来越大。因此,如何有效控制电站厂房内的温湿度水平,充分利用水电站现有的自然冷源及实现电站厂房通风空调系统的节能运行也成为大家关注的焦点。而作为水电站排放水轮机发电尾水的无压尾水洞则是一种良好的天然冷源,利用无压尾水洞引风对电站厂房进行通风空调是一种天然冷源应用形式,一方面可减小电站地下洞室的开挖工程量(对于地下厂房而言)和通风空调设备机房的占地面积,减小厂房的基建投资;另一方面利用无压尾水洞引风进行通风空调,与传统电制冷空调技术相比可减免耗资、耗电量大的空调冷冻设备,极大减小通风空调系统的初投资及运行费用,具有显著的经济效益和社会效益。因此,对于水电站通风空调系统而言,无压尾水洞是一个巨型的天然"空调机",具有节能、环保和可再生的优点,符合能源的可持续发展要求,是一个既节能又节省投资的不可多得的天然冷源。

　　然而,目前对无压尾水洞引风技术的应用尚停留于探索与现场测试数据应用阶段,缺乏充足的理论依据与可靠的设计计算方法,严重制约了无压尾水洞引风技术的科学应用与发展。本书主要围绕水电站无压尾水洞天然冷源应用为主题,针对工程应用中存在的科学问题,对长直无压尾水洞及长度有限无压尾水洞引风系统的热湿传递机理、热湿交换特性、引风应用技术及其热工计算方法等相关理论进行系统、深入的研究,以期为水电站无压尾水洞引风技术的应用提供理论基础与技术指导,并推动无压尾水洞引风技术在水电站通风空调工程中的科学应用,以促进水电暖通行业的可持续发展。

1.2　水电站厂房的通风与空调

新中国成立以来,我国水电事业有了很大的发展,在已建和在建水电站中,电站厂房的形式有多种,如地面式、地下式、坝后半封闭式、坝内式和地面半封闭式等,但从暖通空调技术角度而言,各种类型水电站厂房一般均具有如下几个方面的特点[4]:

(1)厂房内热湿区分明,即厂内布置电气设备部位的发热量大、产湿量小,而布置水处理设备的部位及厂房的水下部位产湿量较大,且在电站厂房的各部位,其内部参数的控制要求也大不相同,如表 1-1 所示[5]。

表 1-1　电站厂房主要功能区设计参数[5]

部　位	夏　季		冬　季	
	温度/℃	相对湿度/%	温度/℃	相对湿度/%
发电机层	≤27	≤75	≥13	≤70
电气夹层	≤27	≤70	≥13	≤70
水轮机层、蜗壳层	≤26	≤75	≥12	≤70
副厂房一般房间	≤26	≤70	≥13	≤70
中控室、通讯室	24±2	50±10	20±2	50±10
计算机室	24±2	50±10	20±2	50±10
母线道	≤35	不规定	≥15	不规定
主变室	≤35	不规定	≥15	不规定
其他电气设备房间	≤33	≤70	≥13	≤70

(2)水电站一般可根据实际情况合理利用水库深层冷水、坝体廊道风、地道风及无压尾水洞等天然冷源进行厂房的降温。

(3)主厂房发电机层空间大而实际工作区空间小。厂房大、功能分区多,而运行管理人员却很少,且均集中在中控室、电算室、通讯室及单元控制室等部位。

(4)建设施工周期长,通常需要解决同时发电与施工时的通风与防潮问题。

因此,在水电站厂房中应综合考虑厂房的负荷及结构特点进行电站厂房通风空调方案及系统的设计,这也是区别于工民建行业暖通空调系统的显著特征。

1.2.1　我国水电暖通空调技术的发展历史

我国的水电暖通空调行业是在建国后发展起来,大致可分为以下四个发展阶段[6]:

第一阶段:起步学习阶段(1949 年~20 世纪 60 年代初)。

从 20 世纪 50 年代到 60 年代初,我国自行设计了一批大中型水电站。在设计过程中,各设计院完善配置了各专业设计人员,但因当时我国暖通空调专业人才培养短缺,各设计院暖通专业多由水力机械专业设计人员兼任。这个时期电站厂房的通风设计基本照搬前苏联模式,即空气调节设计效仿我国解放初期纺织行业的喷淋装置;地面式电站厂房的自然通风均效仿一般高温车间的自然通风计算方法设计。因当时的暖通设计人员缺少实践经验,没有认识到我国水电站厂房的特点,该时期设计的不少水电站厂房建成投产运行后,均较闷热、潮湿,尤其是采用自然通风的地面式厂房,问题更为严重,有的电站发电机层夏季温度甚至高达 40℃以上;水下部位一般均较潮湿,产生机械设备锈蚀,电器设备绝缘能力降低、漏电、击穿等问题,严重影响机电设备的安全运行及运行人员的身体健康。

第二阶段:调查、总结和实践阶段(20 世纪 60 年代初~1978 年)。

在 20 世纪 60 年代初,各水电设计院吸收了一批高等院校的暖通空调专业毕业生,充实了该专业的技术力量,成为推动技术发展的主力军。为改变水电暖通空调专业的落后面貌,1963 年、1964 年和 1966 年原水电部水利水电总局组织部署各设计院对已建水电站厂房的暖通空调工程的运行效果进行了多次调研、总结,特别是在 1966 年为编写《水电站厂房暖通空调设计规定》进行了人规模的调研活动,几乎调查遍了国内已建成的大中型水电站。通过调查,基本找出了以往水电站厂房暖通空调设计中存在的问题,并在调查总结经验的基础上设计出一批基本符合我国水电站特点、运行效果较好的电站暖通空调系统。

第三阶段:科研、基础工作与开拓阶段(1978 年~20 世纪 80 年代末)。

1978 年经水利部水利水电规划设计总院批准,水利水电系统成立了"全国水电暖通空调技术情报网",为以后积极开展水电系统暖通空调专业的科研和科技情报交流做好了组织准备。1979 年全国水电暖通空调情报网编写了 18 大项,含 38 个子课题的十年科学研究规划,并在水利部、电力部、水利水电规划设计总院的领导与经费支持下,由全国水电暖通空调情报网组织实施,发动全国各设计院暖通专业人员广泛开展科研工作,经过十余年的努力,均基本完成各项科研任务。同时在对水电站大规模调查、测试、总结及科研基础上,全国水电暖通专业于 1981 年完成了《水力发电厂厂房采暖、通风、空气调节设计技术规定》,1983 年编写了《水电站厂房通风、空调和采暖》,1985 年出版了《水电站厂房采暖通风空调图集》和《小型水电站暖通空调设计手册》,1987 年出版了《水电站设计手册——采暖通风与空调》等。这些技术基础工作的完成,为水电系统暖通空调设计提供了适合我国国情的规范依据和理论基础,使我国水电暖通空调设计水平提高到一个新的高度。随着国内外暖通空调技术的飞速发展,我国水电暖通设计也进入新的开拓阶段。

第四阶段:高科技发展阶段(20 世纪 80 年代末至今)。

自 20 世纪 80 年代末开始,世界暖通空调技术突飞猛进,我国也在水电暖通空调领域得到了显著的发展,特别是在电站通风空调系统的设计理论、设计技术、节能技术、自动控制技术及防火防排烟技术等方面。这些技术的发展与应用,对我国水电暖通空调技术的科学、规范发展具有积极的推动作用。

1.2.2　水电站厂房的通风空调方式

水电站厂房的通风方式可归结为三种类型:全自然通风;机械送风、机械(或自然)排风;机械排风、自然进风(全排风)[6~11]。

1. 全自然通风方式

自然通风的空气流动动力来源于风压及厂内外空气容重差产生的热压,是一种经济的通风方式。自然通风可适用于地面式厂房和地下式厂房,在地面式厂房中,自然通风主要应用于发电机层,在风压和热压的驱动下利用厂房下部的外窗和外门进风,上部的外窗或侧窗排风,以排除电站厂房的余热、余湿负荷。例如福建的古田四级水电站、江西永修的拓林水电站及浙江的富春江水电站厂房均采用了自然通风的方式。地下式水电站的自然通风则主要是依靠比较长的交通洞对洞外的新风降温除湿、厂内余热对空气加热,使得厂房内外空气产生容重差,再利用有一定高度的排风竖井产生足够的自然压头(热压)进行循环通风,其进、排风道是厂房对外联系的廊道,如交通、排水、通风、出线洞等。例如云南以礼河盐水沟以礼河三级引水式地下电站、澜沧江干流的小湾水电站地下厂房、云南丽江黑白水三级电站地下厂房[12]等采用了自然通风的方式。

2. 机械送风、机械(或自然)排风方式

在机械送风、机械(或自然)排风方式中,厂外的新鲜空气经由交通洞或送风廊道内的风机汇入主风道或拱顶静压箱,直接将空气送到需要的部位,吸收厂内的余热、余湿后的空气经出线洞、运输洞或其他通道"自然"排至厂外。当厂内空气的余压不足以克服排风道的空气阻力时,则设置排风机用机械排风。该通风方式的优点在于对厂房内气流组织的控制和温湿度的处理都较为主动。因此,在大、中型电站或通风系统网络比较复杂的情况下广为采用,我国已建的电站通风系统多采用这种通风方式。例如,上犹江、渔子溪、刘家峡、回龙山、白山、二滩、十三陵等地下水电站均采用机械送风、机械(或自然)排风的通风方式。

3. 机械排风、自然进风(全排风)方式

机械排风、自然进风方式,也称为"全排风"方式,它是利用通往厂房拱顶、发电机层、水轮机层的竖井、通道、出线洞等作为排风道,在排风道内设置排风机,从厂房抽风排到厂外。在排风机负压的作用下,厂外空气经交通洞补充到主厂房的发电机层。空气进入发电机层后,在工作带形成风速较大的穿堂风(风速在 1m/s 左右),然后分成上、下两部分排风。由拱顶排风道排出发电机层上部空间的余热,升温后的空气进入水轮机层等部位,经出线洞等排风道排至厂外。

这种通风方式的显著优点在于厂外新鲜空气经交通洞降温后直接送入发电机层,充分地利用了交通洞的热工特性来调节厂房的送风温度,无需其他空调手段。特别是在夏季,厂外温度较高的空气经交通洞降温后进入发电机层往往能满足厂内的降温要求。经过发电机层加热后的空气再进入水轮机层等较潮湿的部位,又可收到较好的排湿效果。"全排风"方式是利用机械排风来组织厂内的速度场,由于排风口数量少,排风口汇流的空气速度场作用半径较小,将造成较大风速的穿堂风。因此,"全排风"通风方式的通风量比较大,有的电站发电机层的通风换气次数甚至高达 35 次,但因其直接利用大断面排风道排风,风速低、阻力小,对风机能耗的影响不大。

在"全排风"通风方式中不能对进风进行人工调节处理,因此它需要一个足够长且具有良好热工性能的地下隧洞作进风道。"全排风"目前多用于机组少、布置简单的南方地区水电站,最典型的是广东的流溪河水电站,另外在南水、潭岭、长湖等地下水电站中也得到了应用,并取得了良好的通风效果。

纵观水电站厂房的各种通风方式,电站的厂房布置、结构及工艺条件、电站所在地区的气象与水文条件各异,因此对于特定条件的水电站,其通风空调方式应根据具体条件进行技术经济分析后确定,以有效排出厂房内部的余热、余湿,实现电站厂房内部热湿环境的合理控制;但从节能的角度来考虑,在条件许可条件下应尽可能地采用自然通风方式,以降低电站通风空调系统的运行能耗。

1.2.3　水电站天然冷源应用现状

因水电工程的结构、工艺条件及其所处地理位置的特殊性,在水电站通风空调系统中可利用的天然冷源有多种形式,如无压尾水洞、坝体廊道、地下厂房的交通洞及其他廊道、洞室、水库深层低温水等。应用上述各种天然冷源对送入电站厂房的空气进行热湿处理,以消除厂内的余热、余湿负荷,实现对电站厂房内部热湿环境的有效控制,可极大地降低电站厂房通风空调系统的能耗及运行费用,具有显著的节能效果与经济效益。

随着我国水电工程建设的快速发展及水电站暖通空调技术的逐步提高,水电站各种天然低温冷源对空气的降温除湿效果也逐步得到认识,并在水电站厂房通风空调系统中逐步得到应用和发展,取得了良好的运行效果与节能效益。

1. 无压尾水洞引风技术的应用

在水电工程中,对电站通风空调系统而言,无压尾水洞是一种良好的天然冷源,从洞外引入的空气在流经无压尾水洞时与低温尾水表面及洞壁面直接接触并进行热湿交换,从而实现对引入空气的热湿处理。利用无压尾水洞处理后的空气对电站厂房进行通风空调能起到良好的降温除湿效果,同时也可显著减小电站厂房通风空调系统的运行成本及基建投资,具有良好的经济效益与社会效益。

映秀湾水电站是我国第一个成功实施应用无压尾水洞引风对电站厂房进行通风空调改造的工程实例,该水电站位于四川省阿坝州汶川县境内,电站为地下式厂房,具有一条长 380m 的无压尾水洞。电站厂房通风空调系统采用无压尾水洞引风、进厂交通洞自然进风的方式,无压尾水洞引风量为 $12.1 \times 10^4 \mathrm{m}^3/\mathrm{h}$,多年来运行效果良好。作者在 2005 年夏季对该电站无压尾水洞引风系统的热湿交换特性进行了现场测试[13],结果表明,无压尾水洞对引入空气具有良好的热湿处理效果,处理后的空气接近对应尾水温度的饱和状态。目前已建采用无压尾水洞引风对电站厂房进行通风空调的水电站还有黄河小浪底水电站、甘肃刘家峡水电站等[14,15]。多年运行结果表明,夏季无压尾水洞对空气具有良好的降温除湿效果,利用无压尾水洞引风进行通风空调,厂内通风状况良好,未出现结露、雾化现象[6]。目前,正在建设中的四川大渡河瀑布沟大型水电站地下厂房的通风空调系统也拟采用无压尾水洞引风技术[16,17],该电站总装机容量为 3600MW,为地下式厂房,厂房总设计负荷为 5438kW,电站建有两条无压尾水洞,长分别为 1137.7m 和 1075.3m,设计通风空调方案采用无压尾水洞引风直流式系统,两条无压尾水洞总引风量为 $120 \times 10^4 \mathrm{m}^3/\mathrm{h}$[18]。

2. 廊道、交通洞天然冷源的应用

在水电工程中,某些厂房因地理条件和工程建设的需要而建造在地下,它们通过交通洞,各种廊道,进、排风洞等与地面相通,形成复杂的地下洞室群。因这些廊道、交通洞深埋地下,有的甚至与深层水库低温水接触,洞体岩层及壁面温度通常较低,当空气流经各类地下廊道、交通洞时,在温差与水蒸气分压力差的作用下,空气与洞壁面之间进行热湿交换,夏季使流经空气的温度、湿度降低,从而实现对电站厂房的降温除湿,其降温除湿效果已通过实际工程应用和现场测试得到了证实[19]。利用各种廊道、交通洞处理空气对电站厂房进行通风空调是大多数水电站厂房所采用的通风空调方式,特别是地下式厂房的水电站。映秀湾水电站除了利用无压尾水洞引风进行通风空调外,还利用一条长 270m 的进厂交通洞从洞外自

然引风至发电机层,引风量为 $11.9 \times 10^4 \mathrm{m}^3/\mathrm{h}$。运行及现场测试结果表明,室内外空气温度相差越大,交通洞对引入空气的热湿处理效果越好;在过渡季节,交通洞对引入空气的处理效果较差[18]。应用坝体廊道进行通风空调的电站有万安水电站,该电站位于江西赣江中游,为坝后式厂房,电站装机容量 $50 \times 10^4 \mathrm{kW}$。为减小能耗及降低夏季发电机层温度,该电站发电机层采用了大坝廊道通风方案[6],即从室外抽取新风流经坝内灌浆廊道,在空气流经坝体廊道时与廊道壁面进行热湿交换,从而实现对电站厂房送风的热湿处理。习亚华于 1991 年 7 月对丹江口水电站进行了测试,测试数据表明在室外气温 34℃ 时,坝体廊道取风温度仅为 22℃[20];1995 年对云南漫湾电站进行测试,在坝外气温 32.4℃、相对湿度 35% 时,坝体廊道取风温度为 23.4℃、相对湿度 67%。上述测试结果表明,坝体廊道对引入空气的降温效果良好。利用各种廊道、交通洞进行通风空调的水电站还有黄河小浪底水电站、葛洲坝大江水电站、乌江渡电站,以及陕西安康、福建水口等水电站[21]。

3. 深层水库低温水的利用

一般大型、多年性调节的水库,在上游水库水深 30m 以下的水温通常在 $15 \sim 18℃$ 之间[6]。因此,对电站厂房通风空调系统而言,深层水库低温水是一种良好的天然冷源,采用水库深层低温水对空气进行喷淋处理能起到良好的降温除湿效果,应用喷淋处理后的空气对电站厂房进行通风空调,可有效控制电站厂房内的温湿度水平;同时也极大降低电站厂房通风空调系统的运行费用,具有显著的节能效果。丹江口水电站是采用水库深层低温水处理空气对电站厂房进行通风空调的成功案例之一,该电站位于湖北省丹江口市,电站为全封闭式厂房,总装机容量为 $90 \times 10^4 \mathrm{kW}$。空气经空调室低温库水喷淋处理后,通过主风道,分别由设在主厂房发电机层上游墙下部的低速风口横向流经发电机层,以及上部墙上的高速风口,射向下游工作区。两股气流吸收发电机层余热后,从下游侧楼梯口及楼板上的通风格栅向下流至水轮机层,在上游空调机房风机的抽吸下,再反向流经水轮机层、上游技术供水层,最后回至空调机房再处理。经实测表明,发电机层工作区温度在 $25 \sim 30℃$ 之间,相对湿度在 $55\% \sim 75\%$ 之间,水轮机层及技术供水层去湿效果明显,值班人员感觉良好[6,22]。又如云南漫湾电站,采用 19.5℃ 的库水对空气进行喷淋处理,设有大型组合式金属空调机组 15 套,喷淋水量达到 2000t/h,喷淋处理后的空气完全满足电站通风空调系统的降温除湿要求,节省一次投资 200 万元,夏季可节约用电 $20 \times 10^4 \mathrm{kW} \cdot \mathrm{h}$,节能效果显著[20]。在长江流域采用此深层水库低温水处理空气的还有黄龙滩、乌江渡、上犹江、凤滩等水电站[6]。

1.3　无压尾水洞引风技术原理

在许多已建和拟建造的水电工程中,通常建造有无压尾水洞。无压尾水洞是水电工程中排放水轮机发电尾水的地下隧洞,尾水洞内水流为非满液重力流系统,水流速较小,尾水洞壁不承受洞内水压力,故称之为无压尾水洞,结构如图1-1所示。

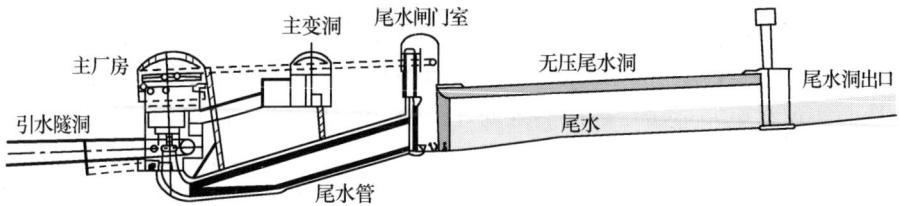

图 1-1　水电站无压尾水洞结构示意图

在水电站正常运行条件下,无压尾水洞为非满液状态,尾水洞内通常具有较大的空气流通空间,这为无压尾水洞的引风提供了基础条件。同时由于无压尾水洞一般深埋于山体内,洞体岩层常年温度稳定,且接近当地年平均大气温度;而洞内通过水轮机发电后的尾水也通常为上游深层水库低温水,在水库深度达到40m以上的分层型水库中,深层库区水温常年也较稳定。在我国的大部分地区,特别是西南、西北及长江流域的水电站,深层库区水温基本在15~18℃。因此,无压尾水洞内常年均维持在一个温度较低的环境,对空气处理系统而言则是一个良好的低温冷源。无压尾水洞引风则是利用洞内常年低温且稳定的环境条件,夏季,从洞外引入温度与湿度较高的空气在无压尾水洞沿程流动时在温差与水蒸气分压力差的作用下与低温尾水表面及洞壁面之间进行热湿交换,实现对引入空气的降温除湿处理;冬季,无压尾水洞则对洞外引入的温度与湿度较低的空气进行加热加湿处理。当然,空气在流经无压尾水洞过程中具体热湿交换过程需取决于引入空气状态与无压尾水洞内温度之间关系。

根据水-空气热湿交换理论,在无压尾水洞长度足够长或空气与无压尾水洞接触时间无限大的条件下,经无压尾水洞处理后的空气参数应为对应尾水温度的饱和状态,这也是无压尾水洞对引入空气热湿处理的极限状态。当然,在实际的水电工程中,因无压尾水洞长度有限,空气与尾水表面及洞壁面之间的接触时间有限,无压尾水洞往往难以将引入空气处理到理想的极限状态。

在水电站厂房内,由于其发热设备较多且发热量大(发热设备主要为发电机组、变压器、整流器、电缆及其他电气设备等),电站厂房内通常具有全年较为稳定的余热负荷,特别是对于深埋于地下的电站地下厂房。因此,利用无压尾水洞处理后的空气对电站厂房进行通风空调来排出厂内的余热、余湿,是一种良好天然冷源的应用形式。一方面可减小电站地下洞室的开挖工程量(对于地下厂房而言)或通风空调设备机房的占地面积,减小厂房的基建投资;另一方面利用无压尾水洞引风进行通风空调,与传统的电制冷技术相比可减免耗资、耗电量大的空调冷冻设备,极大减小了电站厂房通风空调系统的初投资与运行费用，具有显著的经济效益和社会效益。因此，对水电站通风空调系统而言，无压尾水洞是一个巨型的天然"空调机"，具有节能、环保与可再生的优点，符合能源的可持续发展要求，是一个既节能又节省投资的天然冷源。

1.4　无压尾水洞引风技术中亟待解决的关键问题

虽然无压尾水洞对空气的热湿处理能力已得到一定的认识，并在四川省映秀湾水电站成功实施了我国第一个利用无压尾水洞引风技术对电站地下厂房进行通风空调的工程实例[1,2]，但长期以来，因缺乏对无压尾水洞引风过程空气与尾水表面及洞壁面之间热湿交换特性及规律的研究，无压尾水洞引风技术的实际工程应用尚停留在探索与现场测试数据应用阶段，缺乏充足的理论依据与可靠的设计计算方法，严重制约了该技术在的应用与发展。在无压尾水洞引风技术的实际工程应用中尚存在如下问题：

（1）缺乏空气在无压尾水洞沿程流动过程中空气与尾水表面及洞壁面之间进行热湿交换的理论模型；

（2）缺乏无压尾水洞引风过程中沿程空气参数的变化规律及空气与无压尾水洞之间的热湿交换特性；

（3）缺乏无压尾水洞引风过程中空气与尾水表面及洞壁面之间进行热湿交换的热工计算方法。

因此，迫切需要对无压尾水洞引风系统的热湿传递过程及热湿交换特性进行理论研究，以推动无压尾水洞引风技术在水电站通风空调中的科学利用，促进水电暖通行业的可持续发展。

针对目前无压尾水洞引风技术应用中存在的问题，本书拟从理论分析、实验与现场测试及工程应用等几个方面对无压尾水洞引风技术进行较为全面的阐述，以促进无压尾水洞引风技术的应用与发展。在本书第 2 章主要介绍水库水温分布的预测方法，为无压尾水洞引风技术的研究与应用提供基础；第 3 章在无压尾水洞引风过程热力特性分析的基础上，对无压尾水洞引风过程的热湿交换特性进行现场测试与模拟试验研究，为无压尾水洞引风过程的理论研究提供基础数据；第 4 章在现场测试与模拟试验基础上，对无压尾水洞引风过程进行理论研究，建立无压尾水洞引风过程的理论模型；第 5 章在无压尾水洞引风过程理论模型的基础上，研究分析无压尾水洞引风过程的热湿交换特性；第 6 章在无压尾水洞引风过程热湿交换特性分析的基础上，为便于工程计算，研究长无压尾水洞引风过程的简化模型，为无压尾水洞引风过程热工计算方法的提出提供理论基础；第 7 章则是在第 6 章简化模型的基础上，提出长无压尾水洞引风过程的热工计算方法，为无压尾水洞引风技术的工程应用提供设计方法;第 8 章主要针对长度有限或短无压尾水洞引风过程的特点,提出无压尾水洞引风过程的改进模型,以提高模型的计算精度;第 9 章则针对短无压尾水洞对空气处理能力有限的实际情况,提出采用低温尾水对无压尾水洞处理后的空气进行二次喷淋处理的技术措施,以突破无压尾水洞长度对无压尾水洞引风技术应用的限制,拓展该技术的应用范围,建立低温尾水喷淋过程的数学模型,并提出无压尾水洞引风与低温尾水二次喷淋串联系统的热工计算方法,研究分析串联系统的运行特性,真正实现对具有无压尾水洞引风条件水电站通风空调系统的"无冷机"运行;第 10 章为无压尾水洞引风技术应用的工程案例,结合前面几章理论部分的内容,对某具体水电站厂房采用无压尾水洞引风技术进行通风空调的工程案例进行分析。

本 章 小 结

　　本章对水电站暖通空调行业的发展历程进行了简单的回顾,并结合我国水电站的特点,简述了我国水电站厂房的通风空调方式及各种通风空调方式的特点与应用状况,在此基础上介绍了无压尾水洞、廊道及交通洞、深层水库低温水等天然冷源在我国水电站厂房通风空调系统中的应用情况。

　　围绕本书的主题,全面介绍了无压尾水洞引风技术的原理及其特点,并结合我国当前水电站暖通空调技术的发展现状,指出了水电站无压尾水洞引风技术应用中存在与亟待解决的关键问题,为本书内容的全面展开做了铺垫。

参 考 文 献

[1]　科学规划加强中国水电建设促进可持续发展. http://www. chinairn. com/doc/70300/31756. html,2005.

[2]　开发水电:缓解我国能源压力的当务之急. http://scitech. people. com. cn/GB/53753/4240725. html,2006.

[3]　科技关注:十五 VS 十一五水电大坝还建不建. http://scitech. people. com. cn/GB/1057/4290730. html,2006.

[4]　徐来福. 尾水洞内热质交换数值模拟[硕士学位论文]. 成都:西华大学,2006.

[5]　中华人民共和国国家经济贸易委员会. 水力发电厂厂房采暖通风与空气调节设计规程(DL/T5165—2002). 中华人民共和国电力行业标准. 北京:中国电力出版社,2002.

[6]　金峰. 我国水电暖通空调简史与长江流域水电站暖通空调的设计、运行简况. http://www. cqu. edu. cn/yuanxishezhi/chengshijianshe/ch/sdzntqbw/zlk/zlk. htm. 2006.

[7]　陈谭. 长直尾水洞内热质交换的数值模拟初探[硕士学位论文]. 西安:西安建筑科技大学,2005.

[8] 李小丰. 琅琊山水电站地下厂房通风模型装置设计与模型试验研究[硕士学位论文]. 重庆:重庆大学,2003.

[9] 李晓. 龙滩地下水电站全厂通风模型实验与气流流动特性研究[硕士学位论文]. 重庆:重庆大学,2004.

[10] 雷勇刚. 塔里木河水利枢纽工程地下水电站工程通风气流组织模式优化数值模拟[硕士学位论文]. 西安:西安建筑科技大学,2004.

[11] 范园园. 小湾水电站自然通风研究[硕士学位论文]. 重庆:重庆大学,2003.

[12] 谭乃元. 地下洞室自然通风设计的探索与实践——云南丽江黑白水三级电站地下厂房自然通风设计. 水利技术监督,2005,(1):48~49.

[13] 余延顺,王政,石文星,李先庭. 水电站无压尾水洞引风热湿交换特性的现场测试. 暖通空调,2007,37(10):111~115.

[14] 席江,杨合长. 小浪底水电站地下厂房通风系统运行工况测试分析. 华北水利水电学院学报,2007,28(1):52~55.

[15] 杨合长. 黄河小浪底电站地下厂房通风系统设计. 暖通空调,2002,32(2):67~69.

[16] 余延顺,李先庭,石文星,王政. 瀑布沟水电站地下厂房通风空调方案的探讨. 十五届全国暖通空调年会,合肥,2006.

[17] 王政. 瀑布沟地下厂房利用无压尾水洞引风的设计. 水电站设计,2001,17(1):35~36.

[18] 余延顺. 水电站无压尾水洞引风过程的热工特性研究及应用[博士后出站报告]. 北京:清华大学,2006.

[19] 胡凤山. 空气流过地下水电站通风洞时降温计算. 东北水利水电,1995,(11):6~9.

[20] 习亚华. 漫湾水电站通风空调设计特点. 制冷,1996,(2):54~56.

[21] 王旭. 基于网络分析的水电站地下洞室群通风系统设计方法研究[硕士学位论文]. 重庆:重庆大学,2004.

[22] 金峰. 丹江口水电站利用水库水作空调冷源的实践及研究//中国建筑学会暖通空调学术委员会. 全国暖通空调制冷 1990 年学术年会论文集(下),北京,1990.

第2章 水库水温分布的预测

2.1 概　　述

在水电工程中,根据河道状况及电站的设计要求,通常在上游河道修建水库蓄积水量,使上游水位与水轮发电机组间形成一定落差,从而实现利用水的势能驱动水轮机组发电。由河道特点及上游的径流量情况,水库的修建深度需依工程实际情况而论,在我国目前所建的大中型水电工程中,正常运行时水库设计蓄水深度通常在几十至几百米[1]。从水工设计与水库运行管理角度,通常需要对水库不同深度水温分布及其变化规律进行预先估计,如在确定整体式混凝土坝的接缝灌浆温度与计算坝体温度应力时,需要预测坝前各层水的多年平均水温及年变幅;而从无压尾水洞引风天然冷源利用角度,该技术是利用空气与低温尾水(即库区水)进行热湿交换实现对空气的处理的。因此,水库水温的预测直接关系到电站厂房通风空调方案的设计与选择。而水库的水温分布是一个复杂的自然现象,其分布主要受水库所在地的特性(如气温、入流水温、流量与含沙量、太阳辐射及地温等)及水库的特性(如水库的调节特性、泄水方式与水库形状参数等)等多因素的综合影响[2,3]。目前国内外提出了多种预测水库水温的方法与公式,但因水库水温分布的复杂性,各计算方法或公式只适用于某一类型的水库水温预测计算。本章在分析水库水温影响因素基础上,介绍目前工程中几种常用的水库水温计算方法,并讨论各方法的适应性。

2.2 水库水温的影响因素分析

水库水体蓄热量的大小主要由水体与周围介质(大气、库体土壤、入流出流水体等)之间发生的各种热量交换决定,即进入水体的各种热量与水体的各种热量损失。其中进入水体的热量主要包括入流所带热量、太阳辐射热量、大气辐射热等;而水体的热损失主要包括出流带走热量、水面蒸发、水面对太阳辐射及大气辐射的反射、水体的长波辐射及水体与库体土壤间的热量交换等。在上述各因素的综合影响下,某一时刻水体的蓄热量是确定的,但蓄热量在水体中的分布(即水体温度的分布)是不确定的。因此,要预测水库的水温分布,需对影响水库水温的各因素进行分析。

水库水温的分布除受水体蓄热量的因素影响外,还与水库的入流流量、出流流量、含沙量、地温、水库的调节性能、泄水方式及水库的形状参数等因素有关。简言之,水库水温分布主要受水库所在地的特性及水库特性综合影响。

2.2.1　气温和辐射热的影响

水库上游流域的降水、径流过程以及入库后库表水与大气接触并在温差作用下与大气之间进行热交换。因此,气温和辐射热是影响水库水温的最关键因素。任意水深 y 处的多年平均水温 $T_{w,m}(y)$ 和水温年变幅 $A_w(y)$ 一般随多年平均气温 $T_{a,m}$ 和气温年变幅 A_a 增加而增大。同时,因水的比热容较大、导热系数较小,使水温随气温的变化存在滞后现象,滞后相位一般每下降 10m 滞后一周至半月[2]。

辐射热对水库水温的影响随辐射强度、时间和地形的不同而有差异,在我国西北、西南等高原大陆性气候区,晴天多、辐射强度大,在水温分布预测时辐射热的影响应予以考虑。

2.2.2　入流水温、流量与含沙量的影响

水库的入流水挟带的热量是水库的主要热源,是影响水库水温的重要因素。流入水库的径流有降水、地下水补给、上一级水库的放水和冰雪融化等,流程长短不一,与大气热交换和受辐射热的影响也不尽相同。因而入流水温虽与气温有相同的变化规律,但因以上情况不同,水温可能有较大的差别。另外,入流量及水温在季节分配的差异性,使挟带入库热量也不同,对水库水温分布也会造成影响。

入流水含沙量的大小也影响水库水温分布,含沙量大的水流在汛期吸收较多的热量流入水库,且因其密度大,沿库底运动,并淤积于库底;而泥沙的比热容小,导热系数大,即泥沙易升温难散热,形成泥沙淤积层内稳定而又较高的温度,对一定范围内的水库水温产生影响。

2.2.3　泄水的影响

从水库泄水或引水要带走热量,这是水库热量损失的主要形式。不同的泄水方式、取水高程、泄流量及季节上的分配等都直接影响水库水温分布。

对于泄洪和引水发电以表孔为主的水库,将从库中带走高温水,水库年平均水温 $T_{w,m}(y)$ 相对要低,同时因泄水的搅拌作用使水库上下层水温差减小,多年平均水温 $T_{w,m}(y)$、水温年变幅 $A_w(y)$ 随水深 y 的增加而衰减缓慢;对于泄洪或引水发电以深孔为主的水库,将从库中带走低温水,水库年平均水温 $T_{w,m}(y)$ 相对要高;

对于库容大的水库,洪水入库和泄洪引水发电引起的水体搅动影响较小,$T_{w,m}(y)$、$A_w(y)$随水深 y 的增加衰减较快;而对于泄洪或引水发电以偏上的中孔为主的水库,库水温度变化介于以上两者之间。

2.2.4   水库调节性能和水库深度的影响

水库的调节性能主要反映水库调节和储存热量的能力。多年调节水库能调节多年径流量,水库水温比较稳定,各层水温的年变幅 $A_w(y)$ 相对较小;而年调节或不完全年调节水库,在汛前要泄走低温水,汛期流进高温洪水,容纳不下的又要泄走,其他月份的引水也使库区水位波动较大。因此,水库水温稳定较差,各层水温的年变幅 $A_w(y)$ 相对较大。

另外,水库深浅对水库水温也有影响。对于水深较小($H<40m$)的水库,水库水温受气温、泄水方式和地温等的影响较大,其变化规律也复杂,一般浅水库各层水的年平均水温 $T_{w,m}(y)$ 相对偏高,年变幅 $A_w(y)$ 较大;对于深水库,若无泥沙淤积等影响,深层水温相对比较稳定。

2.3   水库水温的分布类型

从研究水温问题的角度出发,目前根据水库水温的分布情况,环境学界一般认为水库水温分布结构主要有三种类型:稳定分层型、混合型和过渡型[4,5]。稳定分层型的水库表层温度竖向梯度大,称为温跃层,其下温度梯度小,称为滞温层;混合型水库无明显分层,上下水温均匀,竖向温度梯度小,但年内水温变化较大;过渡型水库介于两者之间,春、夏、秋季有分层现象,但不稳定,遇中小洪水时水温分层即消失。

水库水温是一个受诸多因素综合影响的参数,目前关于水库水温结构的判别较多,具有代表性的主要有 α-β 判别法[3,6,7]、密度弗劳德数判别法[8]和水库宽深比判别法[7],现分别予以简述。

2.3.1 α-β 判别法

α-β 判别法又称库水交换次数法,是我国《水利水电工程水文计算规范》(SDJ219—2002)中对水库水温结构进行判断的推荐公式,其判别指标如式(2-1)和式(2-2)所示[3,6,7]。

$$\alpha = \frac{W}{V_c} \qquad (2-1)$$

$$\beta = \frac{W_h}{V_c} \qquad (2-2)$$

式中：α、β 为判别系数；W 为多年平均年入库径流量，m^3；V_c 为水库总库容，m^3；W_h 为一次洪水总流量，m^3。

当 $\alpha<10$ 时，水库水温分布为分层型；当 $\alpha>20$ 时，水库水温分布为混合型；当 $10<\alpha<20$ 时，水库水温分布为过渡型。在温度分层型水库中，如遇 $\beta>1$ 的大洪水，水库的水温分布也往往会成为临时的混合型；而遇 $\beta<0.5$ 的洪水时，洪水对水库的水温结构没有大的影响，仍为稳定分层；当遇 $0.5<\beta<1$ 的洪水时，洪水对水库水温结构的影响介于两者之间。

2.3.2　密度弗劳德数判别法

密度弗劳德数判别法是 1968 年美国 Norton 等提出用密度弗劳德数作为标准来判断水库温度分层特性的方法[8]，密度弗劳德数 Fr 是惯性力与密度差引起的浮力的比值，即

$$Fr = \frac{u}{\sqrt{\dfrac{\Delta\rho_{\max}}{\rho_o}gH}} \tag{2-3}$$

式中：u 为断面平均流速，m/s；H 为水库的平均水深，m；$\Delta\rho_{\max}$ 为水深 H 上的最大密度差，kg/m^3；ρ_o 为参考密度，kg/m^3；g 为重力加速度，m/s^2。

当 $Fr<0.1$ 时，为强分层型（即稳定分层型）；当 $0.1<Fr<1.0$ 时，为弱分层型或混合型；当 $Fr>1.0$ 时，为完全混合型。

2.3.3　水库宽深比判别法

水库宽深比判别法是一种经验判别法，其判别法公式为[7]

$$R = \frac{B}{H} \tag{2-4}$$

式中：B 为水库水面的平均宽度，m；H 为水库的平均水深，m。

当 $H>15m$、$R>30$ 时，水库水温分布为混合型；当 $R<30$ 时，水库水温分布为分层型。

除了以上这三种判别方法之外，近几年来也出现了一些新的方法，如刘金禄根据水库水温垂直结构分布的模糊性特点，应用多目标模糊模式识别和回归分析理论，研究了水库水温垂直分布类型的模糊识别回归预测方法[9]；陈小红、叶守泽对水库水温分层判别预测的模式识别方法进行了研究[10]；郄志红、吴鑫淼等提出了一种判别水库水温分层模式的人工神经网络方法[11]；蔡为武提出水库水温分层类型应根据水库调节性能、年内泄水状况、泄水孔口相对位置三种因素来判断，并给出了具体判别办法[12]。

2.4　水库水温分布的预测模型

目前有关水库水温的计算方法较多,主要有经验法和数学模型法两种类型。而在经验法中所采用的预测方法则有东勘院法[2,13]、朱伯芳法[14]、纬度法[15](长江流域规划办公室整理)、统计法[2,13]等;数学模型法主要是基于能量平衡方程和质量平衡方程推导而出[2,13]。在经验法中,预测公式是在一定的应用条件下提出的,因此其适用性会受到一定程度的限制。以下分别对各种不同水温预测方法进行阐述。

2.4.1　经验法

1. 东勘院法

东勘院法是东北勘测设计研究院的张大发在综合国内水库实测水温资料的基础上提出的,用于水库的水温预测,其计算方法已编入《水利水电工程水文计算规范》(SDJ219—1983 和 SDJ219—2002),其计算公式为[2,13]

$$\begin{cases} T_{w}(y,\tau) = (T_{w,sr} - T_{w,bt})e^{-\left(\frac{y}{x}\right)^{n}} + T_{w,bt} \\ n = \dfrac{15}{m^2} + \dfrac{m^2}{35} \\ x = \dfrac{40}{m} + \dfrac{m^2}{2.37 \times (1 + 0.1m)} \end{cases} \tag{2-5}$$

式中:m 为月份;y 为计算点的水深,m;$T_{w,sr}$ 为库表月平均水温,℃,库表各月份平均水温查用高程-水温曲线确定;$T_{w,bt}$ 为库底月份平均水温,℃。

该方法应用简单,只需知道各月份的库表、库底水温就可计算出各月份水库的垂向水温分布,而且库底和库表水温可由气温-水温相关法或纬度水温相关法推算。

东勘院法主要适用于我国东南部海拔较低的中小型水库各层月份平均水温的初步估算,具有一定的精度,但无法预测典型分层型水库的逐月平均水温分布。

2. 朱伯芳法

朱伯芳法是中国水利水电科学研究院的朱伯芳以国内外 15 座水库实测水温资料为基础,总结归纳出水库水温的周期性变化规律,并通过余弦函数进行拟合而得到的水库水温计算方法,该方法已编入混凝土拱坝设计规范。朱伯芳法的计算公式为[14,15]

$$
\begin{cases}
T_{\mathrm{w}}(y,\tau) = T_{\mathrm{w,m}}(y) + A_{\mathrm{w}}(y)\cos[\omega(\tau - \tau_{\mathrm{o}} - \varepsilon)] \\
T_{\mathrm{w,m}}(y) = c + (b-c)\mathrm{e}^{-\zeta_1 y} \\
c = \dfrac{T_{\mathrm{w,bt}} - b\xi}{1 - \xi} \\
\xi = \mathrm{e}^{-0.04H} \\
b = T_{\mathrm{w,sr}} \\
A_{\mathrm{w}}(y) = A_{\mathrm{w,o}}\mathrm{e}^{-\zeta_2 y} \\
\varepsilon = d - f\mathrm{e}^{-\zeta_3 y}
\end{cases}
\tag{2-6}
$$

式中：y 为水深，m；τ 为时间，月；τ_{o} 为水温达最高值的时间，一般取 6.5；$T_{\mathrm{w}}(y,\tau)$ 为水深 y m 处在时间 τ 时的温度，℃；$T_{\mathrm{w,m}}(y)$ 为水深 y m 处的年平均温度，℃；$A_{\mathrm{w}}(y)$ 为水深 y m 处的温度年变幅，℃；ε 为水温与气温变化的相位差，月；ω 为温度变化圆频率，$\omega = 2\pi/12$；$T_{\mathrm{w,sr}}$ 为库表面年平均水温，℃；$T_{\mathrm{w,bt}}$ 为库底水温，℃；$A_{\mathrm{w,o}}$ 为库表面水温年变幅，℃，$A_{\mathrm{w,o}} = (T_{a,7} - T_{a,1})/2$；$T_{a,7}$、$T_{a,1}$ 分别为当地 7 月份和 1 月份的平均气温，℃；H 为水库深度，m；ζ_1、ζ_2、ζ_3 为系数。

在一般工程设计中，各项参数的取值为 $\zeta_1 = 0.040$、$\zeta_2 = 0.018$、$\zeta_3 = 0.085$、$d = 2.15$、$f = 1.30$[14]，库表和库底水温均可由气温确定。因此，采用该方法应用简便，只要已知库区多年平均气温资料及水库水位就可计算出各月份水库的垂向水温分布。

朱伯芳法可适用于一般的大中型水库工程设计和大坝运行监测中预测水库任意深度、任意时刻的水温。

3. 统计法

统计法是中南勘测设计院《水工建筑物荷载设计规范》编制组和水利水电科学研究院结构材料所于 1993 年在 20 余座水库的实测水温及相应气温等资料的基础上，在综合考虑水库规模、水库运行方式等因素后，利用最小二乘法等数理统计分析方法对朱伯芳法（式(2-6)）中的各项参数采用不同的计算方法而拟合得到的水库水温统计分析公式[2,13]。其计算公式为

$$
\begin{cases}
T_{\mathrm{w}}(y) = c\mathrm{e}^{-\gamma_1 y} \\
A_{\mathrm{w}}(y) = A_{\mathrm{w,o}}\mathrm{e}^{-\gamma_2 y} \\
\varepsilon = d - fy \\
c = 7.77 + 0.75 T_{a,m} \\
A_{\mathrm{w,o}} = 0.778 A_a^* + 2.934 \\
A_a^* = \dfrac{T_{a,7}}{2} + \Delta b \quad (T_{a,m} < 10℃) \\
A_a^* = A_a \quad (T_{a,m} \geqslant 10℃)
\end{cases}
\tag{2-7}
$$

式中：γ_1 为对于库大水深的多年调节水库，γ_1 取值为 0.015，且当水深大至 50～60m 时，式中 y 取为 50～60m（对于库大水深的非多年调节水库，γ_1 取值为 0.01；库小水浅的水库，γ_1 取 0.005）；γ_2 为对于库大水深的多年调节水库，γ_2 取 0.1055

（对于库大水深的非多年调节水库，γ_2 取 0.1025；库小水浅的水库，γ_2 取 0.012）；$T_{a,m}$ 为当地年平均气温，℃；A_a 为气温年变幅，℃；d、f 为对于库大水深的多年调节水库，d、f 取值分别为 0.53 和 0.059，且当水深大至 50～60m 时，式中的 y 值取 50～60m（对于库大水深的非多年调节水库，d、f 取值分别为 0.53 和 0.03；对于库小水浅的水库，d、f 取值分别为 0.53 和 0.008）；其他符号同前。

该方法考虑影响因素较多，而且应用简便，但预测结果不稳定，无法预测典型分层型水库的逐月平均水温分布，故只可适用于一般水库的水温初步估算。

4. 纬度法

纬度法（又称"长规办"法）是长江流域规划办公室根据对国内 16 座水库水温实测数据进行整理拟合而提出，其计算公式为[15]

$$T_w(y,\tau) = ky + T_{w,\theta} \tag{2-8}$$

式中：y 为计算点深度，m；$T_{w,\theta}$ 为水温附加值，℃，可由水库调节性能、水库所处纬度及水库所在地的年平均气温来确定，如图 2-1[15] 所示；k 为水库深水水温梯度，℃/m，可根据水库调节性能及水库所处纬度来确定，如图 2-2[15] 所示。

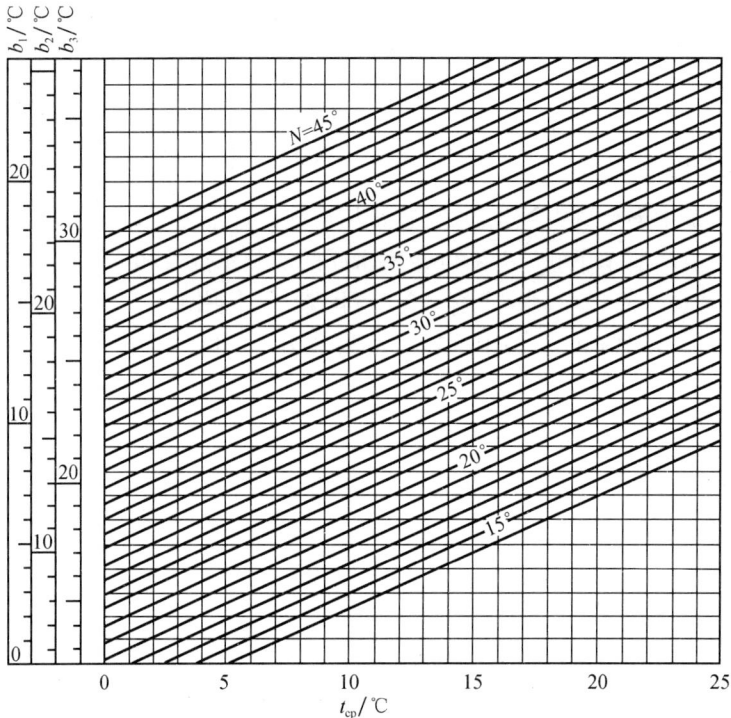

图 2-1　水库水温附加值线算图[15]

b_1、b_2、b_3 分别为多年调节、年调节与季调节水库深水水温梯度；

N 为水库所在地地理纬度；t_{cp} 为水库所在地多年平均气温

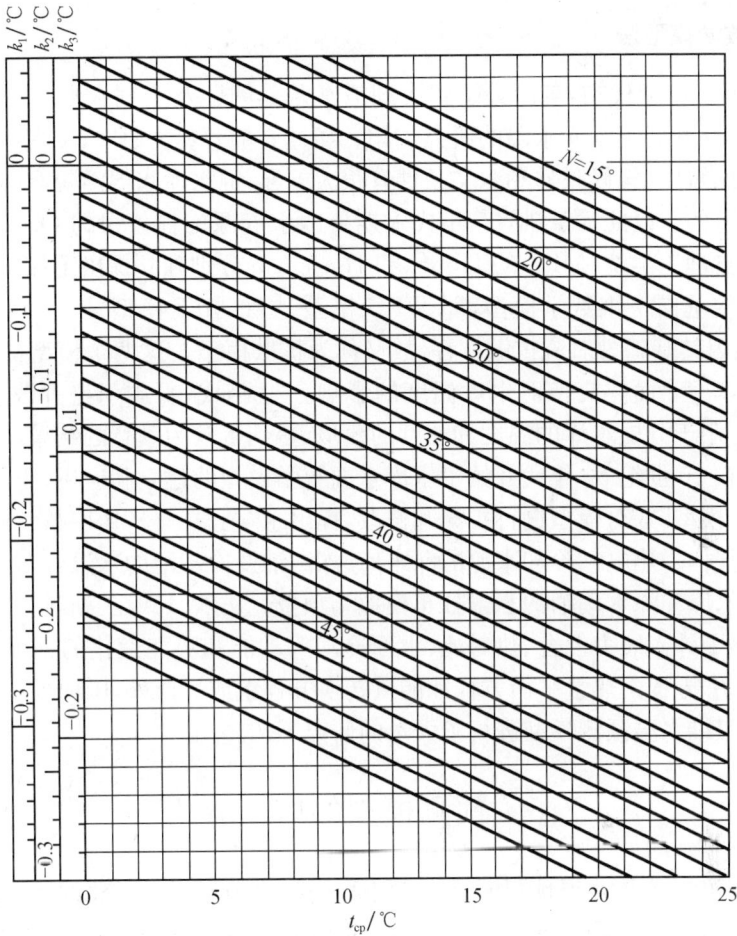

图 2-2　水库深水温度梯度线算图[15]

k_1、k_2、k_3 分别为多年调节、年调节与季调节水库深水水温梯度；

N 为水库所在地地理纬度；t_{cp} 为水库所在地多年平均气温

　　上述经验法都是在国内外多座水库实测资料基础上综合出来，用于工程中水库的水温预测，应用简便，只需已知各月份库表、库底水温便可计算出各月份水库的垂向水温分布(前三种方法)。但因经验法是根据实测资料统计而来，反映水温变化的统计性规律，而未能从水温的形成过程探讨水温变化的内在规律。因此，在应用上尚存在如下方面的局限性：①对于一些具体问题，如水库形态、入流、出流流量、水库调度方式等对水温分布的影响难予考虑；②较短时段，如日、月内变化还无法解决；③有些地区缺少或无水温观测资料，则经验公式难以有效应用。而数学模型法则可以在一定程度上弥补经验法的不足，所以要深入研究水温的变化规律，需要采用数学模型法。

2.4.2　数学模型法

20 世纪 60 年代初,美国为了解决湖泊富营养问题及水利水电工程带来的环境问题,广泛开展了水库水温的研究工作。经过大量的观测研究,发现尽管水库的形状、长度、宽度、气候条件和水文条件有很大差异,但水库水温沿等高面的分布基本上是平直的。以此为基础,60 年代末期美国水资源工程公司的 Orlob 和 Selna 及美国麻省理工学院(MIT)的 Huber 和 Harleman 分别独立提出了深分层蓄水体温度变化的垂向一维数学模型,即 WRG 模型[16] 和 MIT 模型[17]。WRG 模型和 MIT 模型因其基础为对流扩散方程,故又称为扩散模型。这两个模型都考虑了入流、出流、水库表面热交换对水库温度的影响。70 年代,日本引进并改进了 MIT 水温模型,用于分层水库的温度和浊度的模拟,得到了较为满意的结果。

我国在 20 世纪 80 年代开始了水库水温数学模型的建立和应用,于 1981 年引进了 MIT 模型,并对模型进行扩充和修改,提出了"湖温一号"通用数学模型,用于模拟和预报作为热电厂冷却水源的深水库、深湖泊及冷却池的水温分布,以及无热负荷的深水库和深水湖泊的水温分布模拟和预报。文献[18]在"湖温一号"模型基础上,提出了计入风力混合、热对流、水面冷却等动能和势能变化的一维混掺对流模型,其基本方程由热量平衡方程和能量转换方程组成。此外,国内外学者也对水库二维及三维水温预测模型进行了大量的研究工作。

2.5　预测模型的应用分析

为分析上述水库水温预测模型的应用适应性,本节对目前在建的瀑布沟电站水库的水温分布进行预测。瀑布沟电站位于四川省西部汉源县和甘洛县交界,距成都 200km,地处北纬度 $29°21'$、东经 $102°41'$,海拔高度为 795.9m。电站地区气象参数采用汉源县气象台气象数据,各月份平均气温如表 2-1 所示。电站水库设计正常蓄水位为 850m,库底高程 670m,取水口高程 70m,各月份水库的蓄水位如表 2-2 所示。

表 2-1　瀑布沟电站库区月份平均气温

月　份	1	2	3	4	5	6	7	8	9	10	11	12	年平均
气温/℃	8.4	10.2	14.7	19.0	22.1	23.5	25.7	25.5	21.9	18.3	14.2	10.0	17.8

表 2-2　瀑布沟电站水库各月份蓄水位

月　份	1	2	3	4	5	6	7	8	9	10	11	12
水位/m	839.9	826.7	808.9	790	790	841	841	841	841	850	850	848.6
库深/m	169.9	156.7	138.8	120	120	171	171	171	171	180	180	178.6
取水深/m	69.9	56.7	38.8	20	20	71	71	71	71	80	80	78.6

根据前期水文调查及水库的设计要求,瀑布沟水电站水库 α 值为 7.7;采用 7 日和 15 日洪水量计算,β 值分别为 0.54 和 1.03。根据 α-β 判断法,瀑布沟水库水温为稳定分层型结构,在发生历时较长、较大的洪水时,水库水温会出现临时的混合型分布。

针对瀑布沟电站水库的特点,应用目前的已知条件,分别采用朱伯芳法、东勘院法及纬度法对瀑布沟电站水库水温分布进行预测和分析。

2.5.1 朱伯芳法预测

对于瀑布沟电站水库,其年平均气温在 10℃ 以上,由文献[14]可得:库表面年平均温度为 $T_{w,sr} = T_{a,m} + (2 \sim 4℃)$,取上限值为 $T_{w,sr} = 17.8 + 4 = 21.8℃$,库底水温 $T_{w,bt} = 11 \sim 13℃$,计算时取上限值 13℃;$A_{w,o} = 8.65℃$。由式(2-6)计算各月份不同深度平均水温分布如图 2-3 所示,各月份取水点平均水温如表 2-3 所示。

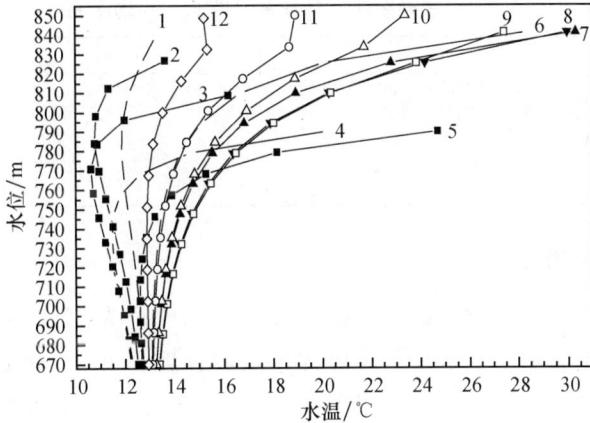

图 2-3 各月份不同深度平均水温分布(朱伯芳法)

表 2-3 朱伯芳法计算各月份取水点平均水温

月 份	1	2	3	4	5	6	7	8	9	10	11	12
水位/m	839.9	826.7	808.9	790	790	841	841	841	841	850	850	848.6
库深/m	169.9	156.7	138.8	120	120	171	171	171	171	180	180	178.6
取水深/m	69.9	56.7	38.8	20	20	71	71	71	71	80	80	78.6
取水温度/℃	11.9	11.0	10.6	12.8	15.6	13.9	15.1	15.8	15.9	14.9	14.0	13.0

2.5.2 东勘院法预测

对于瀑布沟电站水库,水温为稳定分层结构,库底各月份平均水温可用年平均水温代替,即为 10.5℃[6];库表各月份平均水温采用朱伯芳法(令 $y=0$)计算求取。采用东勘院法计算瀑布沟电站水库各月份不同深度水温分布如图 2-4 所示,取水点各月份平均水温如表 2-4 所示。

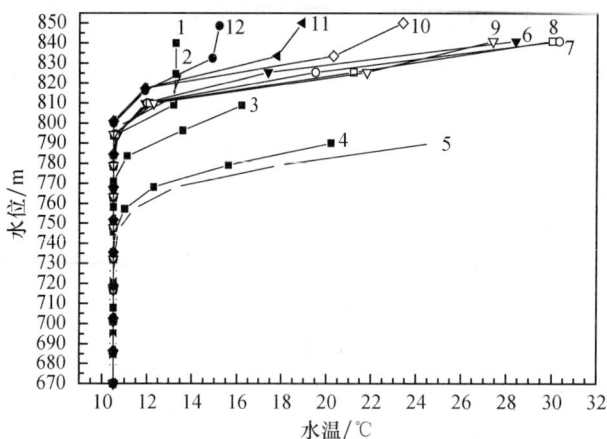

图 2-4　各月份不同深度平均水温分布(东勘院法)

表 2-4　东勘院法计算各月份取水点平均水温

月　份	1	2	3	4	5	6	7	8	9	10	11	12
水位/m	839.9	826.7	808.9	790	790	841	841	841	841	850	850	848.6
库深/m	169.9	156.7	138.8	120	120	171	171	171	171	180	180	178.6
取水深/m	69.9	56.7	38.8	20	20	71	71	71	71	80	80	78.6
库表水温/℃	13.3	13.6	16.2	20.2	24.7	28.4	30.3	30.0	27.4	23.4	18.9	15.2
取水温度/℃	10.5	10.5	10.5	12.6	13.8	10.5	10.5	10.5	10.5	10.5	10.5	10.5

2.5.3　纬度法预测结果

瀑布沟水电站水库所处纬度为 $29°21'$,年平均气温为 $17.8℃$,其调节性能为季调节,由图 2-1 和图 2-2 可得到水库深水水温梯度为 $k=-0.114℃/m$,$T_{w,\theta}=28.2℃$,由式(2-8)可计算各月份不同深度平均水温分布结果如图 2-5 所示,各月份取水点水温如表 2-5 所示。

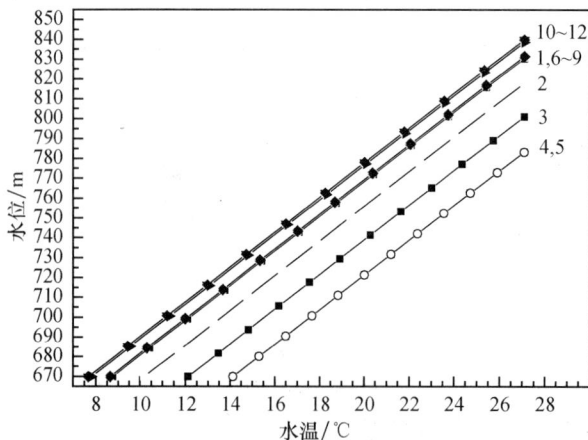

图 2-5　各月份不同深度平均水温分布(纬度法)

表 2-5　纬度法计算各月份取水点平均水温

月　份	1	2	3	4	5	6	7	8	9	10	11	12
水位/m	839.9	826.7	808.9	790	790	841	841	841	841	850	850	848.6
库深/m	169.9	156.7	138.8	120	120	171	171	171	171	180	180	178.6
取水深/m	69.9	56.7	38.8	20	20	71	71	71	71	80	80	78.6
取水温度/℃	20.2	21.7	23.8	25.9	25.9	20.1	20.1	20.1	20.1	19.1	19.1	19.2

2.5.4　预测结果分析

通过上述三种经验方法对瀑布沟电站水库各月份平均水温的预测计算,得到在不同预测方法下瀑布沟电站水库取水点各月份平均水温变化曲线如图 2-6 所示。

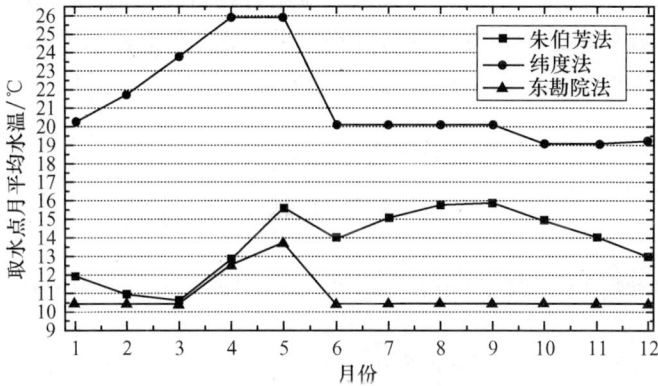

图 2-6　各月份取水点平均水温

由图 2-6 可见,在采用三种不同计算方法对水库水温进行预测计算时,即使在相同深度,各月份平均水温的计算结果也差别较大,尤其是采用纬度法进行计算时,计算水温显著高于其他两种方法的计算结果。

由前述水库水温预测方法概述可知,朱伯芳法可适用于一般大中型水库的工程设计和运行监测中预测各时刻任意深度的水温分布[14];东勘院法主要适用于我国东南部海拔较低的一般中小型水库各月份平均水温的估算,具有一定的精度,但无法预测在典型分层型条件下水库的逐月平均水温分布[2,13],因此,在瀑布沟电站水库水温分布的计算中,不宜采用东勘院计算方法。而由图 2-5 可以看出,采用纬度法计算得到的水库不同深度水温分布明显不符合瀑布沟电站水库水温分层型的结构特点,并且在该方法中其温度梯度取值仅考虑了水库纬度、当地平均气温及水库调节特性,对应不同深度水库该值选取的合理性和适用范围尚有待进一步改进。因此,针对瀑布沟电站水库水温分布结构的特点及各种水库水温计算方法的适用性,水库水温分布宜采用朱伯芳法进行预测计算。

因此,在实际工程进行水库水温分布预测计算时,需根据水库的水温分布结构、计算方法的适应条件选择合适的预测方法。在水温计算要求精度较高且条件许可时,宜采用数学模型法进行水温的预测分析。

本 章 小 结

水库水温是无压尾水洞引风技术应用中一个重要的基础数据,本章在分析气温与辐射热、入流水温、流量与含沙量、泄水及水库调节性与水库深度等因素对水库水温分布影响的基础上,对目前工程中几种常用的水库水温计算方法——东勘院法、纬度法、统计法、朱伯芳法及数学模型法进行了较为全面的介绍,并对各种水温计算方法的适应性进行了探讨和分析。应用各种水库水温预测方法对瀑布沟水电站水库的水温分布进行预测计算与分析,指出在实际工程水库水温分布预测计算时应根据水库的水温分布结构、水温计算方法的适应条件等因素选择合适的预测方法。

参 考 文 献

[1]　中国的大中型水电站集锦. http://blog. 163. com/sgq_yt/blog/static/5458757820071125
7114230.

[2]　鞠石泉,苏怀智,侯玉成等. 简述水库水温预测计算方法. 水电能源科学,2004,22(3):74～
77.

[3]　钱小蓉,廖红,顾恒岳等. 水库水温预测模型研究. 重庆大学学报,1997,20(3):134～140.

[4]　王冠. 浅谈水库水温计算方法. 吉林水利,2007,(1):7～10.

[5]　方子云. 中国水利百科全书——环境水利分册. 北京:中国水利水电出版社,2004.

[6]　水利部长江水利委员会水文局. 水利水电工程水文计算规范(SL278－2002). 北京:中国水利水电出版社,2002.

[7]　国家环境保护总局办公厅. 水电水利建设项目河道生态用水、低温水和过鱼设施环境影响评价技术指南(试行). 2006.

[8]　费希尔 H B. 内陆及近海水域中的混合. 清华大学水利学教研组译. 北京:水利电力出版社,1987.

[9]　刘金禄. 水库水温结构划分的模糊回归预测模型及其应用. 水资源与水工程学报,2004,15(3):56～58.

[10]　陈小红,叶守泽. 水库水温分层判别预测的模式识别方法研究. 水利学报,1993,(11):34～39.

[11]　郗志红,吴鑫淼,郑旌辉等. 一种基于人工神经网络的水库水温分层模式判别方法. 农业工程学报,1999,15(3):204～208.

［12］　蔡为武. 水库及下游河道的水温分析. 水利水电科技发展，2001，21(5)：20～23.

［13］　蒋红. 水库水温计算方法探讨. 水力发电学报，1999，(2)：60～69.

［14］　朱伯芳. 库水温度估算. 水利学报，1985，(2)：12～21.

［15］　水电站机电设计手册编写组. 水电站机电设计手册——采暖通风及空调分册. 北京：中国水利水电出版社，1987.

［16］　Orlob G T. Mathematical Modeling of Water Quality：Streams，Lakes and Reservoirs. New York：John Wiley & Sons，1983.

［17］　Harleman D R F. Hydrothermal analysis of lakes and reservoirs. Journal of the Hydraulics Divison，1982，108(3)：301～325.

［18］　蒋红. 水库、湖泊一维水温数学模型研究及瀑布沟水库水温预报计算. 水利水电环境，1991，(1)：60～69.

第3章 无压尾水洞引风热湿交换特性的现场测试与模拟试验

3.1 概　　述

由于我国的水电事业起步较晚,相对于民用及商用建筑而言,水电站厂房通风空调技术的研究相对较薄弱。在水电工程中,虽然无压尾水洞引风过程的热湿交换特性已得到一定程度的认识,但目前对无压尾水洞引风过程中空气与尾水表面、空气与潮湿洞壁岩层之间的热湿传递过程的理论与应用研究甚少,实际工程设计与应用尚停留在现场测试基础上,缺乏较为成熟的理论与设计计算方法。

因此,针对目前水电站无压尾水洞引风技术的研究与应用现状,为探索无压尾水洞引风的热湿交换特性,并为后续章节无压尾水洞引风热湿交换过程的理论研究与分析提供理论依据与基础数据,本章将对四川映秀湾水电站无压尾水洞引风过程的热湿交换特性进行现场测试,并在某电站原型无压尾水洞基础上,建立模拟无压尾水洞引风过程的模型试验台,对无压尾水洞在变工况条件下的引风热湿交换特性进行试验研究,以探求无压尾水洞引风出口空气参数与尾水温度、室外空气参数(尾水洞引风入口空气参数)之间的关系,为无压尾水洞引风过程理论模型及模拟计算研究提供实验数据,并为该技术的工程应用提供基础。

3.2 无压尾水洞引风热湿交换特性的现场测试

为获得无压尾水洞引风过程热湿交换特性的第一手资料,对四川映秀湾水电站无压尾水洞进行了为期一周的现场测试。映秀湾水电站位于四川省阿坝州汶川县境内,是岷江上游一座中型径流引水式电站,是成都地区的主要用电来源之一。电站为地下式厂房,厂房埋深200m,水平洞深270m,厂房内安装4.5万kW水轮发电机组3台和4.5万kVA变压器3台,电站总装机容量13.5万kW,年发电量7.13亿kW·h,水电站尾水通过1条长380m的无压尾水洞(尾水洞断面尺寸为:宽×高=7m×13.6m)排至岷江。该工程由成都勘测设计院设计,基建工程兵00619部队施工,1965年9月开工,1971年9月第一台机组发电,1972年全部建成。

映秀湾水电站为地下式厂房,电站厂房的通风空调系统采用无压尾水洞引风、交通洞自然进风与机械排风相结合的全空气系统形式。地下厂房的设计发热量为

618kW(53 万 kcal*/h)，设计通风量为 $20 \times 10^4 m^3/h$(现场实测风量为 $24 \times 10^4 m^3/h$)。其中无压尾水洞引风风量为 $12.1 \times 10^4 m^3/h$(设计引风量为 $82950 m^3/h$)，进厂交通洞的自然引风量为 $11.9 \times 10^4 m^3/h$(实测值与设计值基本相符)。经过无压尾水洞处理后的空气通过尾水洞引风风机分别输送至发电机层拱顶和中控室；交通洞的引风由交通洞入口格栅过滤并经长为 270m 的交通洞热湿处理后直接进入发电机层。送入发电机层的空气一部分由发电机层的夹墙排至拱顶排风道，另一部分则进入电气夹层、水轮机层及母线洞、主变洞室进行通风，然后通过专用排风道排至室外。

3.2.1　现场测试内容

根据现场测试的目的及结合后续理论研究的需要，映秀湾水电站无压尾水洞引风过程热湿传递特性的现场测试内容主要包括如下几个方面：

(1) 室外空气的实时温、湿度参数，即无压尾水洞引风的入口参数；

(2) 无压尾水洞引风出口空气的实时温、湿度参数；

(3) 无压尾水洞进出口尾水温度；

(4) 无压尾水洞的引风量；

(5) 无压尾水洞空气流通断面尺寸；

(6) 无压尾水洞岩层的热物性参数。

3.2.2　现场测试方案

1. 洞体岩层的热物性

根据现场调研及地质资料数据表明，映秀湾水电站地区山体岩层整体上为致密花岗岩。由现场勘测数据资料可知，岩层的密度为 $2800 \sim 3000 kg/m^3$，导热系数为 $3.55 W/(m \cdot ℃)$ 左右，导温系数为 $0.00502 m^2/h$ 左右。

2. 无压尾水洞引风入口空气参数测量

在无压尾水洞引风入口处设置一温湿度自记仪，每隔一定间隔(如 5min)测量室外空气的温湿度(干球温度与相对湿度)参数，为避免太阳辐射对温湿度自记仪测量结果的影响，在温湿度自记仪探头上用铝箔作防辐射处理。

3. 无压尾水洞的引风量测量

在无压尾水洞引风机室入口段，空气的流通断面具有规则的形状且易于现场

---

* 1cal=4.1868J。

测量,因此选择在引风机入口规则断面采用热球风速仪测量断面各点的风速,然后根据该断面的平均风速及断面面积计算无压尾水洞的引风量及洞内的平均风速。风量测试断面布点如图 3-1 所示。

在该测试断面,空气流动的平均速度为 7.72m/s,由此计算无压尾水洞的实际引风量为 $12.1 \times 10^4 m^3/h$。无压尾水洞断面示意图如图 3-2 所示,在正常水位下,空气的流通面积为 $34.2m^2$,尾水洞内空气的流动速度为 0.98m/s。

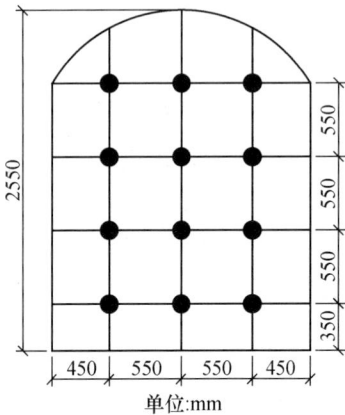

图 3-1　引风量测量断面布点示意图　　　　　图 3-2　无压尾水洞断面示意图

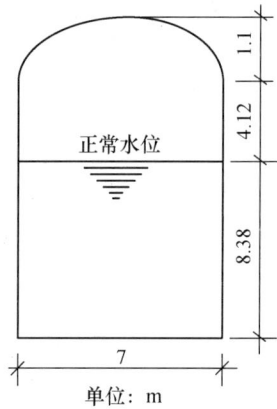

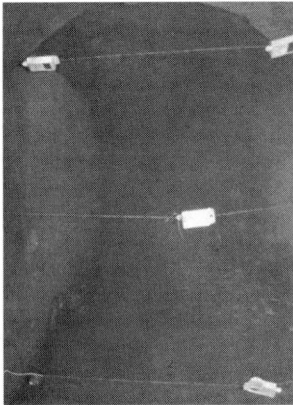

图 3-3　尾水洞空气出口断面测点布置

4. 无压尾水洞引风出口空气参数的测量

在无压尾水洞引风出口空气流通断面设置多个温湿度自记仪,每隔 5min 采集一次引风出口空气的温湿度参数,然后对各温湿度自记仪的数据取平均,并以此作为引风出口空气的参数。测点布置如图 3-3 所示。

5. 无压尾水洞进出口水温的测量

在尾水闸门室(即无压尾水洞的尾水入口)和无压尾水洞尾水出口处分别设置温度自记仪(防水处理),每隔 5min 采集一次尾水温度。为防止自记仪故障,各测点位置均布置 2 个自记仪,其中一个作为备份。尾水闸门室温度自记仪布置如图 3-4 所示。

图 3-4　尾水闸门室测点布置

3.2.3　测试仪表

为完成上述现场测试内容及达到精确测量的目的,在现场测试中所采用的仪表主要有如下几种。

1. 温湿度自记仪

为测量空气的干球温度及相对湿度,测试中采用具有数据自动采集功能的温湿度自记仪,该仪表可以定时自动记录被测环境的温度和湿度,并将测量结果保存在其内部存储器中。存储结果可通过计算机及专用的软件进行读取,可节省大量的人工监测时间。

温湿度自记仪的技术参数如下。

(1) 自动记录温湿度数据;

(2) 非易失性存储器,掉电后数据不丢失;

(3) 记录的数据通过 RS232 读取;

(4) 记录时间间隔:1s～9h;

(5) 延时启动时间间隔:1s～6 个月;

(6) 测量准确度:±3％RH(15％～85％RH,25℃);

(7) 反应时间:15s,慢流动的空气中;

(8) 工作温度:−25～+55℃;工作湿度:15％～85％RH。

2. 温度自记仪

温度自记仪用于测量空气的干、湿球温度及尾水温度,根据使用场合不同可对自记仪探头进行封装防水处理,所采用的清华同方温度自记仪的技术参数如下。

（1）自动记录温度数据；

（2）非易失性存储器，掉电后数据不丢失；

（3）记录的数据通过 RS232 读取；

（4）记录时间间隔：1s～9h；

（5）延时启动时间间隔：1s～6 个月；

（6）测量范围：－25～＋55℃；

（7）测量准确度：±0.3℃；

（8）响应时间：45s，慢流动的空气中。

3. 风速仪

主要用于测量尾水洞出口断面空气的流速，以确定尾水洞的引风量及引风风速。测试所用仪表为手持热球风速仪、大屏幕液晶显示，测量量程为 0～30m/s，测量精度为±3%。

4. 阿斯曼干湿球温度计

主要用于测量无压尾水洞引风出口空气的干、湿球温度，从而测量空气的相对湿度。所用阿斯曼干湿球温度计的测量精度为±0.1℃，测量量程为 0～50℃。

3.2.4　测试结果及分析

作者于 2005 年 8 月 5 日至 12 日，对四川映秀湾水电站通风空调系统无压尾水洞引风系统的热湿交换特性进行了为期 7 天的连续测试。测试工作分两阶段进行，第一阶段从 2005 年 8 月 5 日 17:00 开始持续到 2005 年 8 月 6 日 6:30，后因无压尾水洞引风出口湿度太高（饱和达到雾化区），超出温湿度自记仪的工作量程范围，导致仪表无法正常工作；第二阶段从 2005 年 8 月 6 日 16:30 至 2005 年 8 月 12 日 13:50 采用干、湿球温度计测试无压尾水洞引风出口空气的干、湿球温度，并用阿斯曼干湿球温度计对测试结果进行校核。

1. 第一阶段测试结果

在该测试阶段，无压尾水洞的进出水温实测结果如图 3-5 所示。由图可知，在空气流经无压尾水洞并与尾水表面及洞壁岩层进行热湿交换过程中，洞内尾水温度沿流动方向变化很小。因此，可以认为尾水在无压尾水洞的沿程流动为等温流动。

图 3-6 为该阶段无压尾水洞引风进出口空气干球温度的实测结果。由图可知，在尾水洞空气入口温度由 18.5℃ 变化到 20.5℃ 时，空气流经无压尾水洞的温

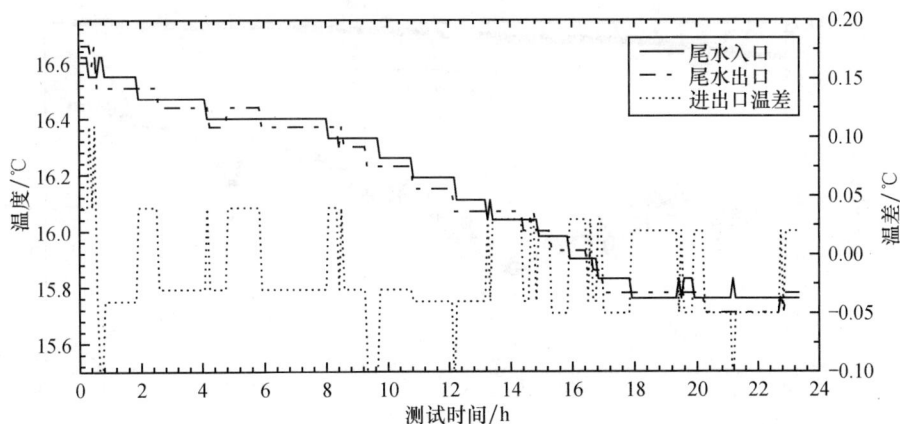

图 3-5　无压尾水洞进出口水温实测值

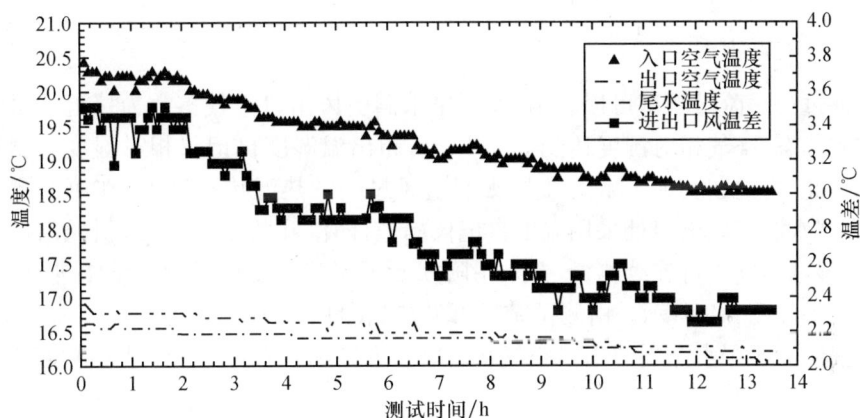

图 3-6　无压尾水洞引风进出口空气温度及尾水温度实测值

降为 2.3～3.5℃，并且随着入口空气温度的升高，空气流经无压尾水洞的温降增大。在尾水洞引风出口处，空气温度与尾水温度具有相同的变化规律，且其干球温度接近尾水温度，二者温差仅为 0.1～0.3℃。由此可知，在该测试条件下，无压尾水洞引风出口空气参数主要受洞内尾水温度的控制和影响，而受无压尾水洞引风入口空气参数的影响较小，无压尾水洞末端空气的干球温度接近对应时刻的尾水温度。

　　图 3-7 为测试期间无压尾水洞引风进出口相对湿度的测试结果。由图可知，在空气流经无压尾水洞与尾水表面及洞壁面进行热湿交换后，无压尾水洞引风出口空气的相对湿度均达到 95% 以上，基本不受入口空气相对湿度的影响，接近饱和状态。

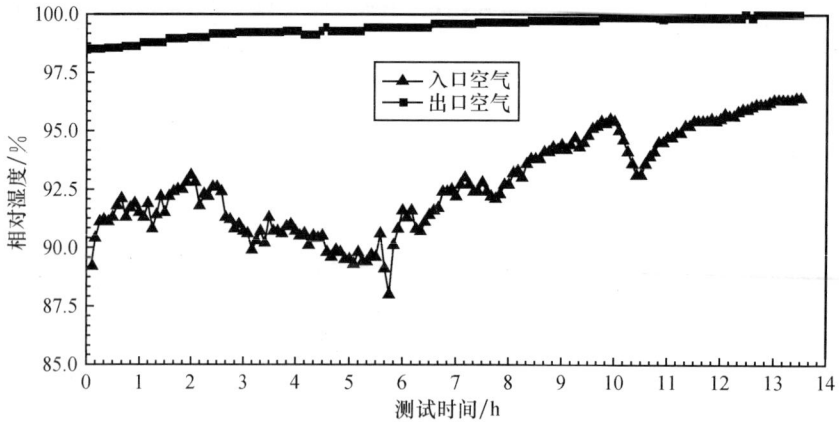

图 3-7　无压尾水洞引风出口相对湿度实测值

2. 第二阶段测试结果

通过第一阶段测试可以看出,无压尾水洞引风出口空气参数为接近尾水温度的饱和状态,空气相对湿度达到 95% 以上,超出温湿度自记仪相对湿度的测量范围。因此,为更翔实地了解无压尾水洞引风过程的热湿传递特性,在第二测试阶段,在尾水洞引风出口处采用温度自记仪(具有防潮和防水功能)对引风出口空气的干、湿球温度进行连续测量,并采用阿斯曼干湿球温度计对测试结果进行校核,实测结果如图 3-8 所示。由测试结果可见,空气的干球温度与湿球温度非常接近。由此表明无压尾水洞引风出口空气状态已接近饱和状态,空气的相对湿度在 95% 以上。

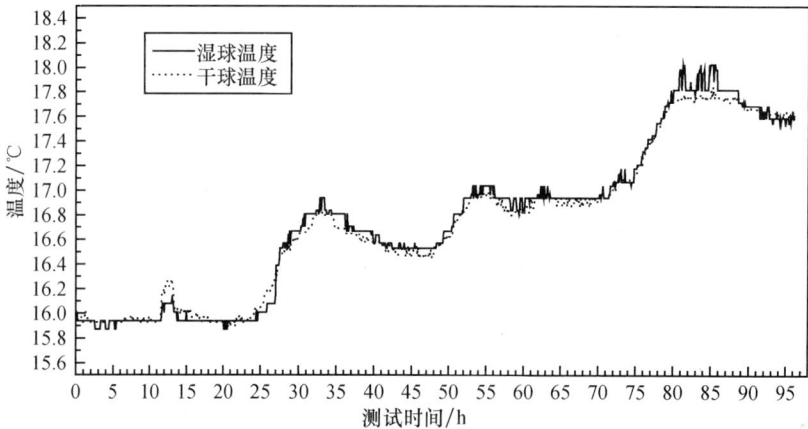

图 3-8　引风末端空气的干湿球温度实测结果

图 3-9 为第二测试阶段无压尾水洞引风出口空气干球温度与尾水温度的实测结果。由图可见,在该测试阶段无压尾水洞引风出口空气温度与第一测试阶段具有相同的变化规律,即引风干球温度主要受尾水温度影响,受入口空气参数的影响较小,无压尾水洞引风出口空气与尾水的温差在 0～0.6℃之间,测试期间的平均温差为 0.3℃,如图 3-10 所示。

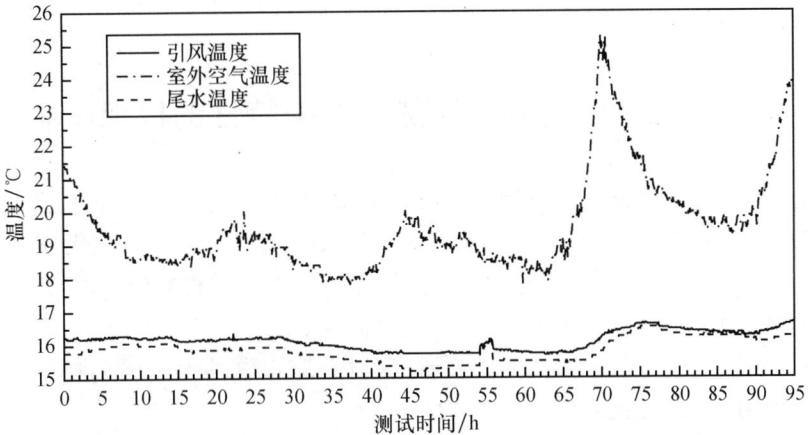

图 3-9 无压尾水洞引风出口参数及尾水温度的实测结果

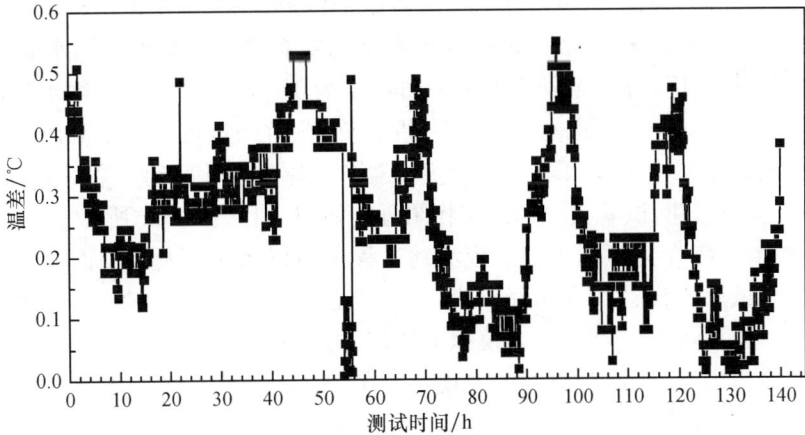

图 3-10 尾水洞末端引风与尾水温差实测值

3.2.5 现场测试结论

通过对映秀湾水电站通风空调系统无压尾水洞引风过程两阶段的连续现场测试,分析测试数据得出如下结论:

（1）尾水在无压尾水洞的沿程流动过程中，水温基本保持不变，可认为是等温流动；

（2）在无压尾水洞长度足够长的条件下，空气在无压尾水洞内沿程流动的热湿交换过程中，引风出口的空气参数主要取决于尾水温度，而受引风入口空气参数的影响很小；

（3）在映秀湾水电站无压尾水洞条件下，无压尾水洞引风出口空气参数为接近对应尾水温度的饱和状态。

3.3　无压尾水洞引风热湿交换特性的模拟试验

为探求无压尾水洞引风过程的热湿交换规律，并为后续无压尾水洞引风过程理论模型的验证提供基础数据，本节将在四川大渡河瀑布沟水电站无压尾水洞原型基础上，按 1∶50 比例缩小建立模拟无压尾水洞引风过程的模型试验台，对影响无压尾水洞引风过程的四个主要因素：尾水温度、引风入口空气温度、入口空气相对湿度及引风风速进行多工况的试验研究，以获取水电站无压尾水洞在不同运行工况下的引风参数变化规律。

3.3.1　试验台的设计

根据大渡河瀑布沟水电站相关技术数据与资料，瀑布沟水电站设计安装 6 台发电机组，总装机容量为 3300MW，在尾水闸门室布置有 2 条无压尾水洞，3 台机组共用 1 条无压尾水洞，无压尾水洞平均长度为 1000m 左右，无压尾水隧洞断面尺寸为 20m×24.2m(宽×高)。在 6 台机满负荷运行时，每条尾水洞的尾水流通面积为 296.8m²，水深为 14.84m。模型试验台在原型尺寸基础上采用 1∶50 模型比例缩小进行搭建，试验台原理及实物图分别如图 3-11、图 3-12 所示。

为模拟空气在无压尾水洞沿程流动过程中与尾水表面及洞壁面之间的热湿交换过程，试验台设计中采用新风机组(具有加热、表冷、加湿功能)对尾水洞入口空气参数进行控制与调节，以模拟无压尾水洞引风入口空气参数；利用集中冷热源(制冷机组制冷、冷凝热回收及电加热制热)，通过冷、热混水方式调节和控制无压尾水洞及恒温水套的入口水温，以模拟无压尾水洞的尾水入口水温及洞壁等温边界条件(具体分析见第 6 章)。在试验台尾水洞沿程方向不同断面设置热电偶温度传感器和温湿度自记仪，以检测空气在无压尾水洞沿程流动过程中各断面空气参数的变化规律。试验台的尾水洞引风系统采用直流式系统，引风量通过变频风机进行调控，并采用标准喷嘴流量计测量引风量。该试验台主要由以下几部分组成。

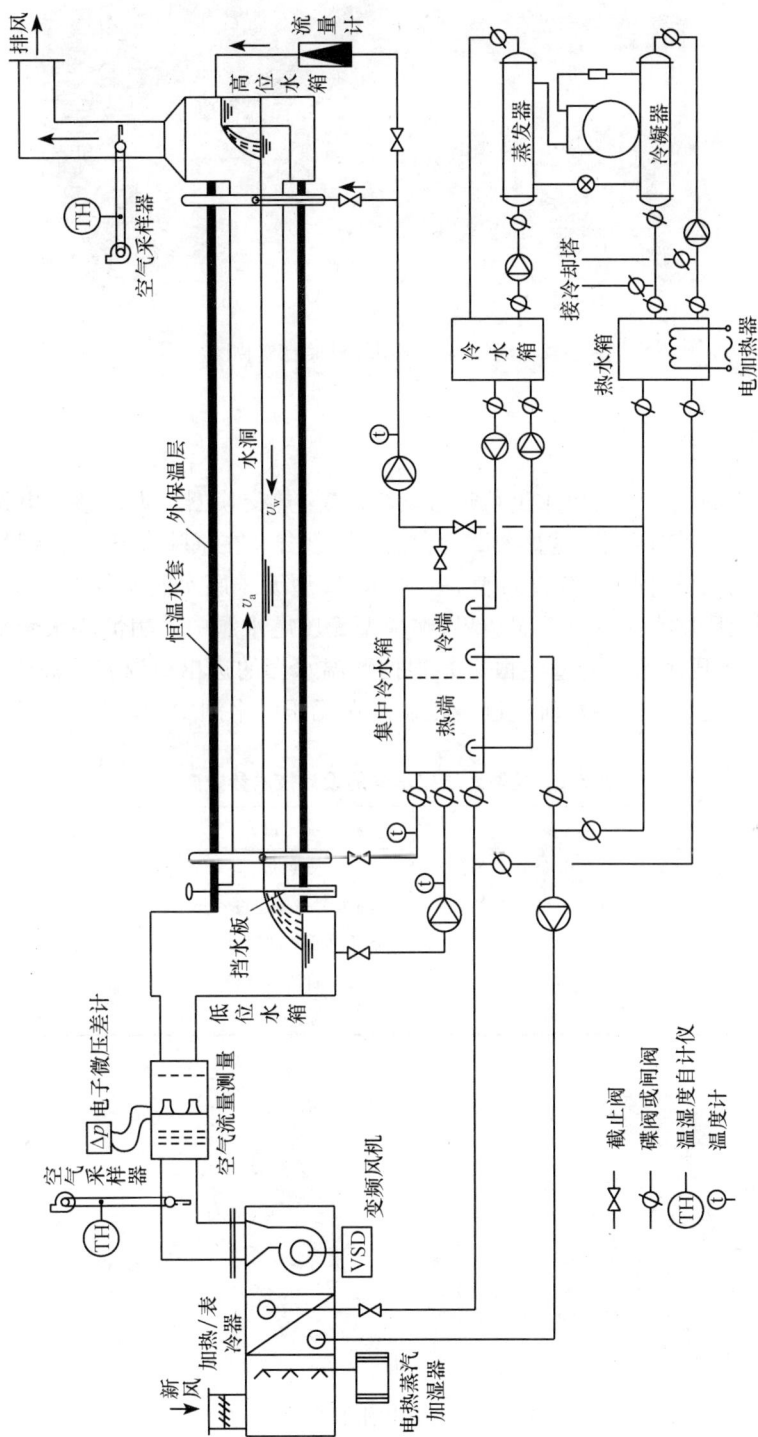

图3-11　无压尾水洞模型试验台系统原理图

(a) A室　　　　　　　　　　　　　　　(b)B室

图 3-12　无压尾水洞引风试验台实物图

1. 模型无压尾水洞

无压尾水洞是空气与尾水进行热湿交换的"全热交换器",也是整个电站通风空调系统的"天然空调机",是整个试验台的核心部分。在试验台设计与建设中,模型无压尾水洞的设计技术参数如表 3-1 所示,模型无压尾水洞实物图如图 3-13。为模拟原型无压尾水洞的等壁温边界,在模型无压尾水洞中采用恒温水套来控制洞壁面温度,无压尾水洞的壁温恒定是根据恒温水套的进出口温差不高于 0.3℃的基准调节恒温水套中的水流量进行控制。在无压尾水洞中,水流量通过高位水

表 3-1　模型无压尾水洞的设计技术参数

项　目	参　数	项　目	参　数
尾水洞断面尺寸/m	0.4×0.484(宽×高)	长度/m	15
恒温水套断面尺寸/m	0.6×0.684(宽×高)	恒温水套夹层厚度/mm	100
正常水位/m	0.297	空气流通断面尺寸/m	0.4×0.187(宽×高)
空气流通湿周/m	1.1744	空气流通当量直径/m	0.255
设计风速/(m/s)	1.0～3.0	设计风量/(m³/h)	270～809

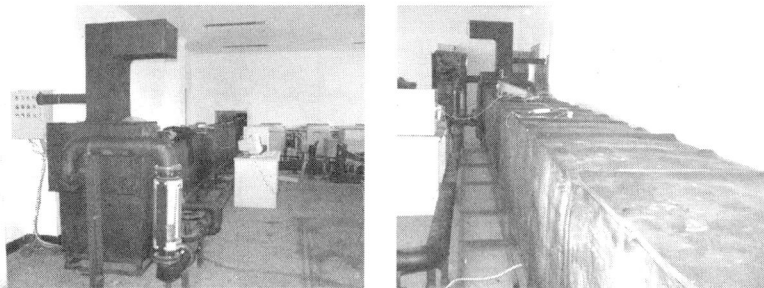

图 3-13　无压尾水洞图示

箱入口调节阀进行控制,洞内水位则通过调节无压尾水洞末端(低位水箱侧)挡水板高度进行控制。在无压尾水洞中空气与低温尾水为逆向流动,在无压尾水洞沿空气流动方向每隔2.5m 间隔设置温湿度传感器,检测该断面的空气温湿度参数,各断面空气温湿度测点布置如图 3-14 所示。在各断面的对称位置设置有 6 个热电偶温度传感器(如图中的 TH 标示),以测试该断面各点的空气温度分布;在断面的中心位置,设置一个温湿度自记仪(图中 T),以测量该点空气的温度和相对湿度,并以该温湿度自记仪测试结果近似作为该断面空气的平均温湿度参数。

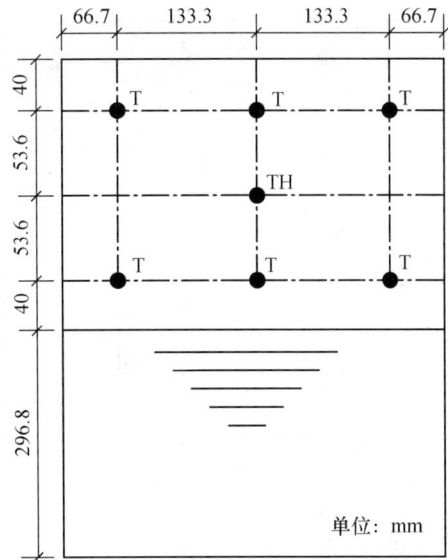

图 3-14　温湿度测点断面示意图

2. 空气热湿处理系统

为模拟无压尾水洞的引风入口空气参数,试验中采用新风机组对进入尾水洞的空气进行热湿处理。空气处理装置由加热/表冷、加湿及空气采样装置组成,如图 3-15 所示。试验设计最大处理风量为 $2000m^3/h$,加热及表冷能力为 10kW,加湿器的最大加湿能力为 14kg/h。根据实验室内空气温湿度状态及尾水洞入口空气参数要求,通过调节加热/表冷段的水流量控制尾水洞入口空气温度,调节电热加湿器控制入口空气湿度。在入口空气参数的调节过程中,利用设置于新风机组出口段空气采样器的温湿度自记仪读数调节加湿器的输入电压及加热/表冷器的水流量来精确控制入口空气的温湿度参数。

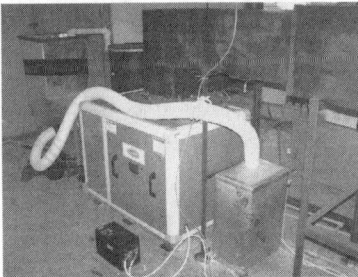

图 3-15　空气热湿处理系统实物图

3. 风量测量系统

试验系统中无压尾水洞引风设计风速为 $1\sim3m/s$,对应设计引风量为 $270\sim810m^3/h$。因此,无压尾水洞引风量采用 2 个喉部直径为 80mm 的标准喷嘴流量计进行测量,测量装置如图 3-16、图 3-17 所示。单个喷嘴的流量测量范围为 270~

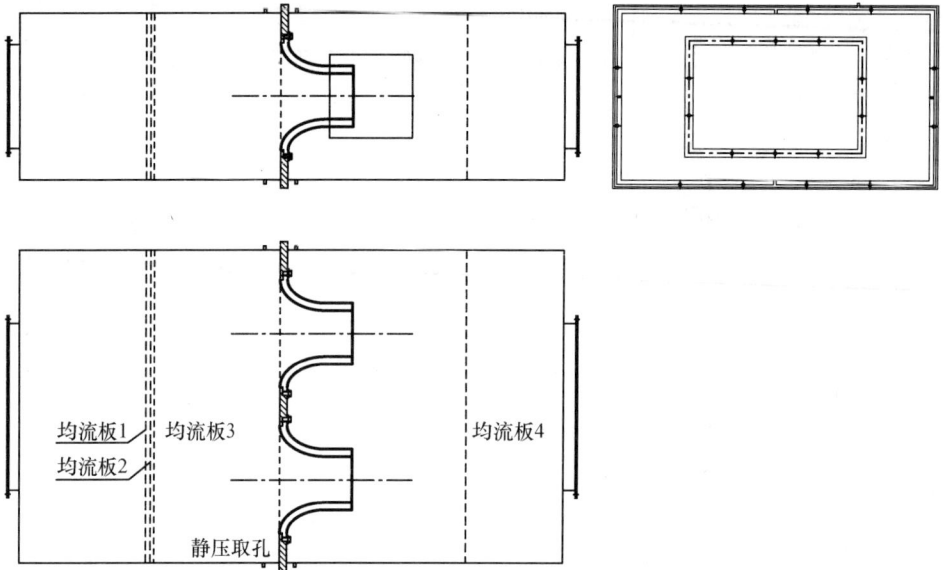

图 3-16　空气流量测量装置

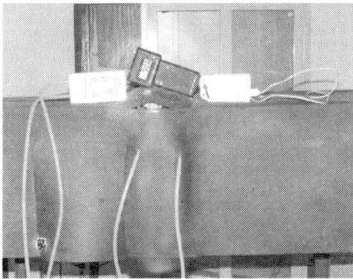

图 3-17　风量测量装置示意图

663m³/h。喷嘴前后的压差及喷嘴入口处的静压采用电子微压差计进行测量,电子微压差计的测量量程为 2000Pa,测量误差为±1‰量程。洞内引风量采用新风机组送风机的变频控制来调节。

由喷嘴流量计测量风量的原理,通过喷嘴的空气流量可由喷嘴前后的压差及喷嘴入口的空气状态由下式计算得到:

$$Q_a = n_p C F_n \sqrt{2\Delta P v_n} \tag{3-1}$$

$$v_n = \frac{B + P_j}{R(t_{in} + 273.15)} \tag{3-2}$$

$$R = \frac{d_n}{1000 + d_n} R_v + \frac{1000}{1000 + d_n} R_a = \frac{461 d_n}{1000 + d_n} + \frac{287000}{1000 + d_n} \tag{3-3}$$

式中:n_p 为喷嘴个数;C 为流量系数;F_n 为喷嘴喉部面积,m²;ΔP 为喷嘴前后压差,Pa;P_j 为喷嘴入口处静压,Pa;B 为喷嘴入口处大气压,Pa;t_{in} 为喷嘴入口处温度,℃;d_n 为喷嘴入口处空气的含湿量,g/kg;R_v 为水蒸气气体常数,$R_v = 461$;R_a 为空气的气体常数,$R_a = 287$。

4. 集中冷热源系统

集中冷热源系统的任务是为新风机组提供加热或表冷空气用的热水或冷水,

同时制备尾水洞要求的低温尾水并维持在无压尾水洞引风过程中尾水温度及空气入口参数稳定所需的冷量或热量。集中冷源由如图 3-18 所示的 1 台输入功率为 5hp*（制冷量 12kW 左右）的冷水机组提供，冷水机组制备的冷水储存于冷水箱中，在冷水箱与集中冷水箱之间通过循环泵进行掺混换热，维持集中冷水箱水温恒定。集中热源为热水箱，如图 3-19 所示。当水箱温度低于 38℃ 时，回收冷水机组的冷凝热进行加热，当水温达到 38℃ 后，由电加热器对水箱进行加热，冷水机组的冷凝热通过冷却塔排入大气。集中热源主要承担新风机组的空气加热及尾水洞入口冷水掺混以调节水温。

图 3-18　提供冷源的冷水机组

图 3-19　集中热源

5. 空气参数测量系统

空气参数测量系统主要测试无压尾水洞内空气流动方向各断面的温度与湿度。在该试验台中，空气参数测量由空气温度测量及湿度测量两部分组成，温度采用热电偶测量，并通过惠普数据采集仪进行采集；湿度采用温湿度自记仪测量并采集，热电偶与温湿度自记仪数据采集同步，采集时间间隔为 15s。温湿度测量装置及仪表如图 3-20 所示。

图 3-20　温湿度检测装置

3.3.2　试验方法与步骤

无压尾水洞引风热湿交换是一个受多因素综合影响的传热传质问题。在试验

---

*　1hp＝745.7W。

工况的测试过程中,主要涉及风系统及水系统的控制与调节,试验测试时,主要遵循以下试验方法与步骤。

1. 系统充水与预冷、预热

试验工况开始之前,关闭无压尾水洞回水及恒温水套夹层回水阀门,打开恒温水套的排气阀,对恒温水套和无压尾水洞充水,同时向集中冷水箱及冷、热水箱充水。待尾水洞水位达到设计水位且恒温水套完全充满水后,开启冷水机组制冷,同时开启尾水洞的供回水循环泵及冷水箱与集中冷水箱之间的供冷循环泵,对无压尾水洞水系统进行预冷,使其达到试验工况所要求的水温设定值。在冷机制冷的同时,切换其冷却水环路的管路阀门,利用冷水机组的冷凝热对热水箱进行加热,待热水箱水温上升到38℃左右时,将冷水机组的冷却水环路切换至冷却塔,将冷凝热排放至大气中,热水箱则采用电加热器继续进行加热直至水温达到并维持在40℃左右。

2. 系统水量与水位调节

在系统预冷的同时,根据尾水洞入口流量计示值调节尾水洞入口管路阀门开度以调节尾水流量,并根据尾水洞末端水位计的水位值,调节挡水板高度以控制尾水洞的水位高度;洞内水位的平稳则是通过调节尾水洞回水阀门控制回水泵流量,使回水泵流量与供水流量相等而实现。

恒温水套中的水流量则根据系统运行时恒温水套的供回水温差来控制,当恒温水套的供回水温差高于0.3℃,开大恒温水套入口阀门开度,增大流量,控制恒温水套供回水温差在0.3℃以下。

3. 风量调节与参数控制

根据试验工况的风量要求及单个喷嘴流量计的量程范围,选择开启喷嘴流量计的个数;由试验工况的送风参数及风量,调节新风机组的变频器输入频率,使风量满足试验工况要求。

试验工况空气参数的控制主要包括空气温度和湿度控制,因试验过程中主要是对送入无压尾水洞的空气进行加热与加湿,故在空气参数调控时,控制热源温度恒定,通过调节新风机组热水流量控制送风的干球温度,并根据试验的空气湿度要求,调节电热加湿器的输入电压(精调加湿器)及输入功率(粗调加湿器)调节与控制加湿器的加湿量,使空气湿度满足试验工况要求。

在空气温湿度调节过程中,当新风机组出口空气采样器采集的空气温度达到设定值的±0.2℃及相对湿度达到设定值的±3%时,可认为新风机组处理的空气参数达到试验工况要求,可进行试验工况的测试。试验测试过程中,根据空气采样器采集空气的温湿度参数实时调节加湿量与加热量,以控制试验工况的稳定。

4. 无压尾水洞尾水入口温度的调节与控制

由试验工况的水温要求,设定集中冷水箱的水温,并根据水温设定值控制冷水机组的启停;同时采用铂电阻温度计检测尾水洞供水泵出口水温,当水温低于试验工况的设定值时,调节水泵入口热水的掺混量,使水温达到设定值;当水温高于设定值时,则减小热水的混水量。试验过程中,冷水机组启停控制的温度设定值一般要求比试验工况要求的水温值低 1℃左右,如试验工况要求水温 16℃时,则设定冷水机组的停机温度阈值为 15℃(温度传感器放置于集中冷水箱尾水洞供水泵的吸入口),当冷水箱水温低于 15℃时,冷水机组停机;而当水温高于 16℃时,冷水机组开启,从而控制集中冷水箱水温在 15~16℃之间波动。

3.3.3　试验数据处理方法

利用上述试验系统,可对影响无压尾水洞引风过程的四个主要因素进行多工况试验测试。在试验数据处理时,主要从以下几个方面加以考虑:

(1) 不同试验工况下,无压尾水洞内空气温度及相对湿度的沿程变化规律;

(2) 无压尾水洞引风过程的热交换效率变化规律。

定义无压尾水洞的热交换效率为

$$E_{\mathrm{g}} = \frac{\overline{12}}{\overline{13}} = 1 - \frac{t_2 - t_{s2}}{t_1 - t_{s1}} \tag{3-4}$$

式中:t_1、t_2 分别为空气入口及计算断面的干球温度,℃;t_{s1}、t_{s2} 分别为空气入口及计算断面的湿球温度,℃。空气处理过程如图 3-21 所示。

无压尾水洞的热湿交换效率表征空气在无压尾水洞中与尾水、洞壁之间的实际处理过程与接触时间足够充分的理想过程的接近程度。

(3) 计算在不同试验工况下,空气在无压尾水洞流动过程中与尾水、洞壁之间的质传递系数 β。

在单位长度(Δx)无压尾水洞中,空气与尾水、洞壁面之间的湿交换量为

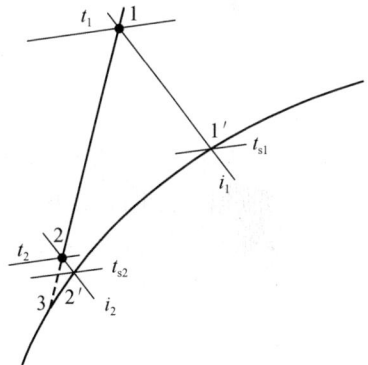

图 3-21　空气处理过程 i-d 图

$$m_{\mathrm{w}} = \beta_{\mathrm{p}}(P_{\mathrm{a}} - P_{\mathrm{w}})U\Delta x \tag{3-5}$$

或

$$m_{\mathrm{w}} = \beta_{\mathrm{d}}(d_{\mathrm{a}} - d_{\mathrm{w}})U\Delta x \tag{3-6}$$

式中：β_d 为以空气含湿量差为推动力的质传递系数，$kg/(m^2 \cdot s)$；β_p 为以水蒸气分压力差为推动力的质传递系数，$kg/(m^2 \cdot s \cdot Pa)$ 或 s/m；P_a、P_w 分别为主体空气的水蒸气分压力及水面、洞壁面温度对应的饱和空气水蒸气分压力，Pa；d_a、d_w 分别为主体空气的含湿量及水面、洞壁面温度对应的饱和空气含湿量，kg/kg；U 为空气流动断面的湿周，m；Δx 为流动方向单位长度，m。

根据试验测试结果可以得到在各试验工况下，空气在无压尾水洞流动过程中的湿交换量为

$$M_w = \frac{\rho_{a,in} u_a A}{1 + d_{in}}(d_{out} - d_{in}) \tag{3-7}$$

式中：u_a 为无压尾水洞中的空气流速，m/s；$\rho_{a,in}$ 为入口空气的密度，kg/m^3；d_{in} 为入口空气的含湿量，g/kg；d_{out} 为出口空气的含湿量，g/kg；A 为空气的流通面积，m^2。

在无压尾水洞引风的热湿交换过程中，认为空气与尾水表面及洞壁面之间的传质系数沿程不变，则对整个无压尾水洞，空气与尾水、洞壁之间的湿传递量为

$$M_w = \int_0^L m_w \mathrm{d}x = \beta_p U \int_0^L \Delta P_x \mathrm{d}x = \beta_d U \int_0^L \Delta d_x \mathrm{d}x \tag{3-8}$$

因此，由式（3-7）、式（3-8）可得在不同湿传递推动力下的质传递系数为

$$\begin{cases} \beta_p = \dfrac{M_w}{U\displaystyle\int_0^L \Delta P_x \mathrm{d}x} \\[4mm] \beta_d = \dfrac{M_w}{U\displaystyle\int_0^L \Delta d_x \mathrm{d}x} \end{cases} \tag{3-9}$$

式中：L 为无压尾水洞长度，m。

（4）根据试验测试结果，将空气在无压尾水洞热湿交换过程中的质传递系数 β 整理为无量纲准则数 Re 和 Sc 的函数关系。

由于空气在无压尾水洞的传质过程中的特征量包括几何参数、空气的物性参数、流动参数及传质系数 β 共 6 个，其符号与量纲如表 3-2 所示。

表 3-2　传质过程特征量的符号及量纲

特征量	符　号	量　纲	特征量	符　号	量　纲
定性尺寸	d_e	L	空气流速	u	L/T
空气密度	ρ	M/L³	质量扩散系数	D	L²/T
空气黏度	μ	M/LT	传质系数*	β	M/L²T

＊为以含湿量差为推动力的传质系数。

根据 π 定理:某一物理现象需要 n 个特征量来描述,如这些特征量的因次矩阵的秩为 r,则无因次数的个数为 $n-r$,即在 n 个特征量中,独立的特征量为 r 个,其余的 $n-r$ 个特征量可以化为无因次数 $\pi_1,\pi_2,\cdots,\pi_{n-r}$。

对表 3-2 取 M、L、T 为基本因次,则将各特征量的量纲写成矩阵形式为

$$\begin{bmatrix} & d_e & \rho & \mu & u & D & \beta \\ \text{M} & 0 & 1 & 1 & 0 & 0 & 1 \\ \text{L} & 1 & -3 & -1 & 1 & 2 & -2 \\ \text{T} & 0 & 0 & -1 & -1 & -1 & -1 \end{bmatrix} \tag{3-10}$$

由于该矩阵的秩为 3,则在该 6 个特征量中有 3 个为独立特征量,其余 3 个为线性相关。若将 D、ρ、d_e 作为独立变量,则有以下 3 个无因次数:

$$\begin{cases} \pi_1 = D^a \rho^b d_e^c \beta \\ \pi_2 = D^f \rho^g d_e^h u \\ \pi_3 = D^i \rho^j d_e^k \mu \end{cases} \tag{3-11}$$

由量纲平衡可得

$$\begin{cases} \pi_1 = \dfrac{d_e \beta}{\rho D} = Sh \\[2mm] \pi_2 = \dfrac{d_e u}{D} \\[2mm] \pi_3 = \dfrac{\mu}{\rho D} = Sc \end{cases} \tag{3-12}$$

在(3-12)式中,π_2 除以 π_3 即为 Re,故由量纲分析,对流传质综合关系式可表示为如下的无量纲形式:

$$Sh = \frac{\beta_d d_e}{\rho D} = c Re^m Sc^n \tag{3-13}$$

式中:Re 为雷诺数,$Re = \dfrac{\rho u d_e}{\mu}$;$Sc$ 为施密特数,$Sc = \dfrac{\mu}{\rho D}$;Sh 为舍伍德数;c、m、n 为拟合常数。

因此,由式(3-13)可将传质系数 β_d 整理为如下的形式:

$$\beta_d = \frac{\rho D}{d_e} c Re^m Sc^n \tag{3-14}$$

以上各无量纲准则计算的定性温度为无压尾水洞入口空气与尾水温度的平均值,即 $t_m = (t_a + t_w)/2$,定性尺寸为空气流通断面水力直径,即 $d_e = 4A/U$,A 为空气流通断面面积,m²。

3.3.4 试验测试及结果分析

1. 引风入口空气温度对热湿交换特性的影响

为分析无压尾水洞引风入口空气干球温度对热湿交换特性的影响,对如下试验条件进行了多工况的试验测试:尾水及恒温水套温度16℃,入口空气相对湿度60%,引风风速1.5m/s(对应风量397m³/h),入口空气干球温度分别为20℃、26℃、29℃、32℃、35℃、38℃,共进行6组试验测试。试验测试结果如图3-22～图3-25所示。

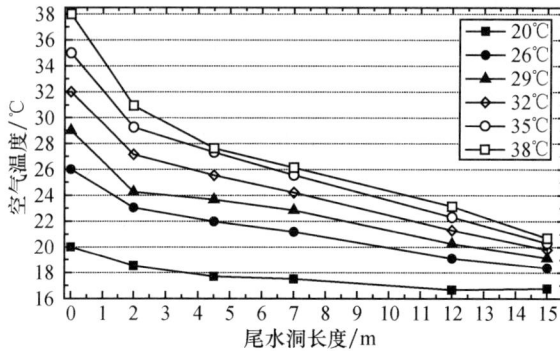

图 3-22　入口干球温度对沿程空气温度的影响

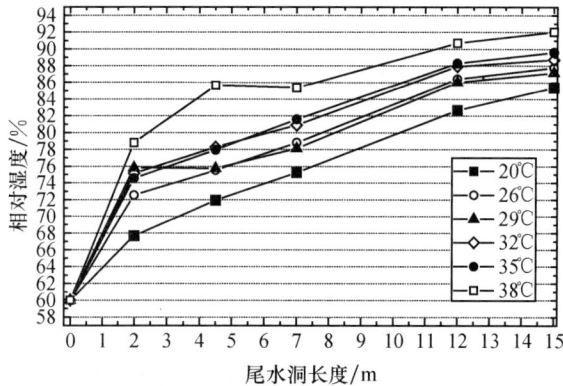

图 3-23　入口干球温度对沿程空气相对湿度的影响

图3-22为不同入口空气干球温度条件下,尾水洞内沿程空气温度的变化曲线。由图可见,对应各不同入口空气温度,尾水洞内沿程空气温度以近似指数规律降低;在入口段,因空气与尾水及壁面之间的热湿传递势大,空气的温降效果较显著,并且随入口空气温度的升高,入口段空气温度变化梯度越来越大。

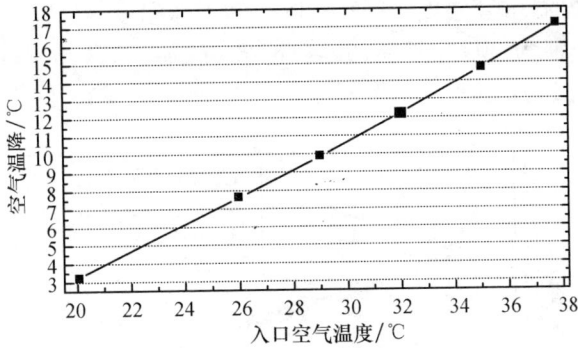

图 3-24　空气温降与入口温度间的关系

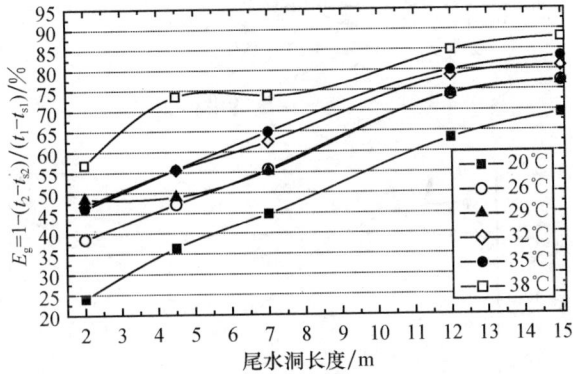

图 3-25　尾水洞热交换效率的沿程变化曲线

图 3-23 为在不同引风入口空气干球温度下空气沿程相对湿度的变化曲线。由图可知,在不同测试断面,空气的相对湿度随入口空气温度的升高而增大,在无压尾水洞的整个沿程流动过程中,空气的相对湿度也近似以指数规律升高。在尾水洞的末端,对应不同入口空气温度下,空气的相对湿度均达到 85% 以上。

图 3-24 为对应不同空气入口温度条件下,无压尾水洞对空气处理的温降效果变化曲线。由图可见,无压尾水洞引风入口空气温度越高,空气的温降越大,空气温降随入口空气温度的升高近似呈线性关系增大。

图 3-25 为不同入口空气温度下无压尾水洞沿程热交换效率 E_g 的变化曲线。由图可见,随着入口空气干球温度的升高,在对应各断面,无压尾水洞的热交换效率逐渐增大。在该试验工况下,无压尾水洞对空气处理的热交换效率随入口空气干球温度的升高而增大,在入口空气温度高于 26℃ 时,无压尾水洞对空气热交换效率达到 75% 以上。

2. 入口空气相对湿度对引风热湿交换过程的影响

为分析入口空气相对湿度对引风热湿交换特性的影响,进行如下工况的试

验测试:尾水及恒温水套温度 16℃,入口空气干球温度 32℃,引风风速 1.5m/s,
入口相对湿度分别为 50%、55%、60%、65%、70%、75%、80%。试验测试结果
如图 3-26～图 3-29 所示。

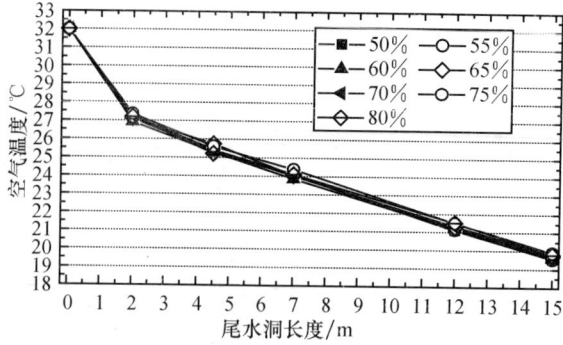

图 3-26　空气温度的沿程变化

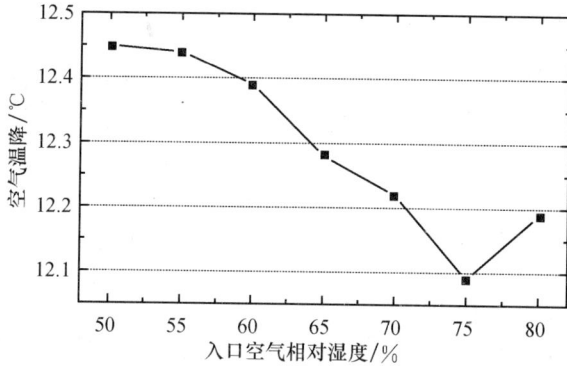

图 3-27　入口相对湿度对空气温降的影响

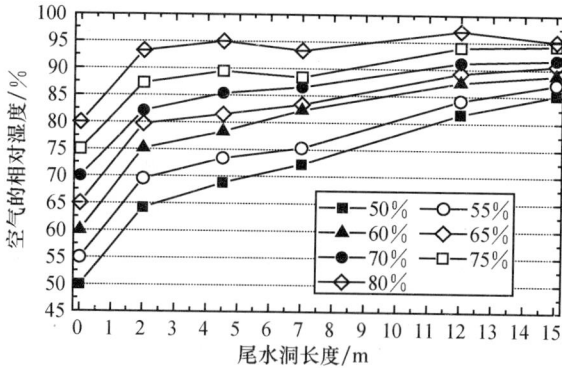

图 3-28　空气相对湿度的沿程变化曲线

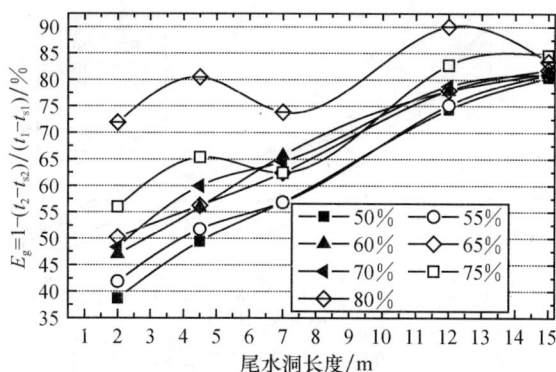

图 3-29　尾水洞热交换效率的沿程变化曲线

图 3-26 为不同入口相对湿度条件下，沿程空气温度的变化曲线。由图可见，在入口温度相同条件下，洞内沿程空气的温度变化受入口相对湿度的影响甚小，在各工况下对应断面空气温度基本相等。而如图 3-27 所示，无压尾水洞末端空气的相对湿度受入口空气相对湿度的影响较大，在入口空气相对湿度由 50% 变化到 80% 时，引风出口空气的相对湿度相差 10% 以上，并且在各测试断面，空气的相对湿度随入口空气相对湿度的升高而增大。

图 3-29 为不同入口空气相对湿度下无压尾水洞沿程热交换效率的变化曲线。由图可见，在入口空气干球温度一定时，无压尾水洞的热交换效率随入口空气相对湿度的升高而增大，在尾水洞末端，无压尾水洞的热交换效率受空气入口相对湿度的影响较小，在不同的入口相对湿度下，无压尾水洞的空气热交换效率为 80% ～ 90%。

3. 引风风速对引风热湿交换过程的影响

无压尾水洞引风风速是影响无压尾水洞引风热湿交换特性的一个主要因素。为研究引风风速对热湿交换特性的影响，对如下试验工况进行了测试：尾水及恒温水套温度 16℃，入口空气干球温度 32℃，相对湿度 65%，引风风速分别为 1.0m/s、1.5m/s、2.0m/s、2.5m/s、3.0m/s，对应风量分别为 265m³/h、397m³/h、530m³/h、662m³/h、795m³/h。测试结果如图 3-30 ～ 图 3-33 所示。

由图 3-30 可知，在不同引风风速条件下，随着引风风速的提高，各测试断面空气温度逐渐升高；在引风风速达到 2.0m/s 以后，进一步提高风速对无压尾水洞引风温降效果的影响已逐渐减弱。在尾水洞入口段，空气的温湿度变化梯度随着引风风速的增加而逐渐减小，而引风出口空气的温湿度变化梯度则随引风风速的增大而增加。在尾水洞的出口处，空气的终状态受引风风速的影响较小，如图 3-30、图 3-31 所示。

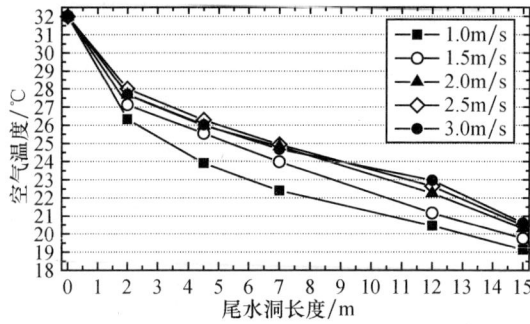

图 3-30　不同风速下沿程空气温度变化曲线

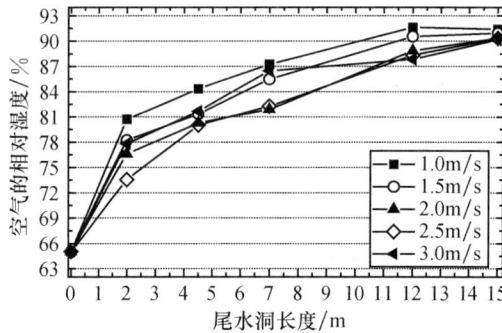

图 3-31　不同风速下沿程空气相对湿度变化

　　图 3-32 为在不同引风风速条件下无压尾水洞引风温降的变化曲线。由图可知,在尾水洞引风入口空气参数一定的条件下,空气在无压尾水洞流动过程中的温降与引风风速呈线性递减关系。当引风风速低于 2.0m/s 时,引风的温降较大;而当引风风速达到 2.0m/s 以后,尾水洞引风的温降效果逐渐减弱。

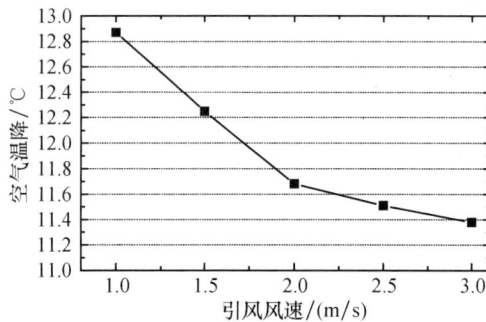

图 3-32　不同风速下的空气温降变化曲线

　　图 3-33 为在不同引风风速条件下无压尾水洞沿程热交换效率的变化曲线。由图可知,在对应各测试断面,无压尾水洞的热交换效率随引风风速的增大而降低,但达到尾水洞末端,空气的热交换效率相差很小,均达到 80% 左右。

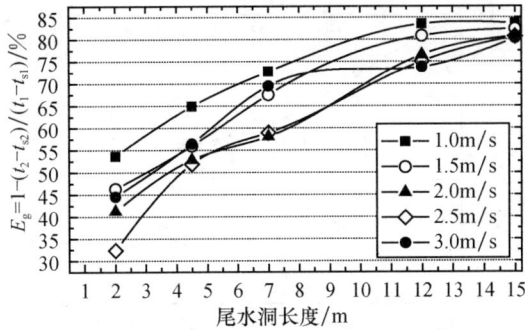

图 3-33　尾水洞热交换效率的沿程变化曲线

4. 尾水温度对引风热湿交换过程的影响

由 3.2 节对映秀湾水电站无压尾水洞引风的现场测试表明,尾水温度是影响空气热湿交换特性的决定性因素之一。因此,在试验测试中对尾水温度在 15～20℃变化范围内引风热湿交换过程进行了试验测试。在变尾水温度的试验工况中,保持入口空气参数及引风量不变,各工况中入口空气温度为 32℃、相对湿度 65%、引风风速 1.5m/s。测试结果如图 3-34～图 3-37 所示。

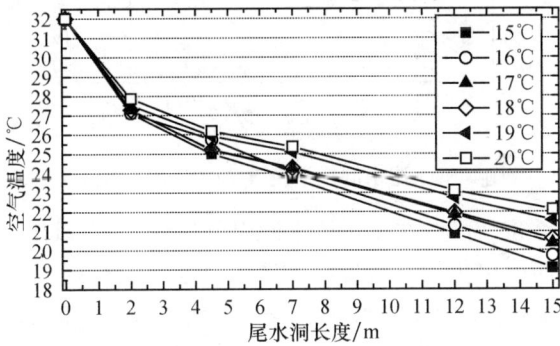

图 3-34　不同尾水温度下沿程空气温度变化曲线

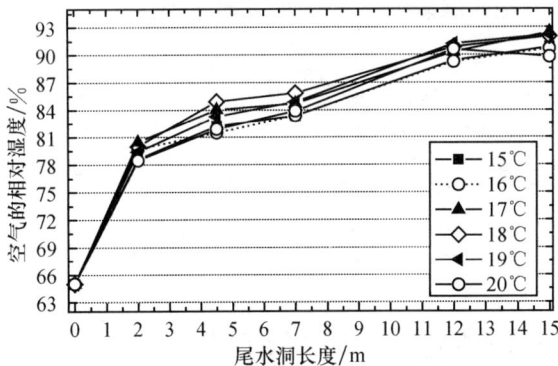

图 3-35　不同尾水温度下沿程空气相对湿度变化曲线

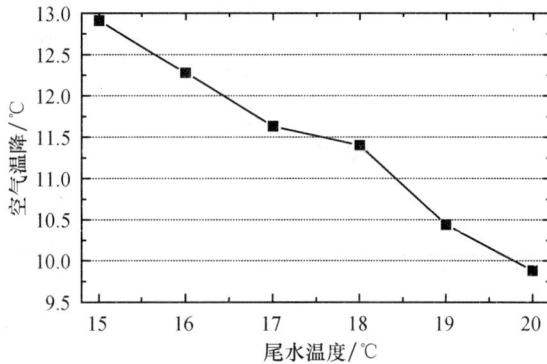

图 3-36　引风温降随尾水温度的变化曲线

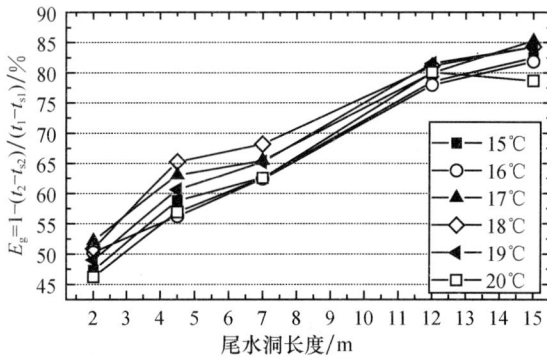

图 3-37　尾水洞热交换效率的沿程变化曲线

由图 3-34、图 3-35 可见,在无压尾水洞引风过程中,引风出口空气温度受尾水温度的影响较大,而引风出口相对湿度受尾水温度的影响较小,在出口处空气的相对湿度均达到 90% 左右。在入口空气参数一定的条件下,随着尾水温度的升高,沿程空气温度的变化梯度逐渐降低,并且空气与尾水间的温差逐渐减小,如在尾水温度 15℃ 时,空气与尾水温差为 4.1℃,而在尾水温度 20℃ 时,温差仅为 2.1℃,减小了 2℃。

图 3-36 为引风温降随尾水温度的变化曲线。由图可见,在无压尾水洞引风过程中,尾水洞引风温降随尾水温度的升高而近似呈线性减小,且尾水洞对空气的温降效果受尾水温度的影响较显著,如在尾水温度 15℃ 时,空气的温降为 12.9℃,而当尾水温度 20℃ 时,空气的温降为 9.8℃,引风温降减小了 3.1℃。因此,在无压尾水洞引风的热湿交换过程中,尾水温度是影响无压尾水洞引风热湿交换特性的一个重要因素。

图 3-37 为在不同尾水温度下无压尾水洞沿程热交换效率的变化曲线。由图可见,在无压尾水洞引风过程中,无压尾水洞对空气的热交换效率受尾水温度的影

响较小,在不同尾水温度条件下,尾水洞末端空气的热交换效率为 85% 左右。

3.3.5　无压尾水洞引风质传递系数

通过对上述试验结果的整理分析,由式(3-7)和式(3-9)可得到在不同试验工况(对应不同 Re 和 Sc 数)条件下以空气含湿量差为推动力的质传递系数 β_d 及舍伍德数 Sh,如表 3-3 所示。

表 3-3　对应不同 Re 和 Sc 数下的空气质传递系数

序　号	Re	Sc	β_d	$Sh = \beta_d d_e / (\rho D)$
1	25322	0.52326	8.610×10^{-3}	64.25593
2	24467	0.53662	8.103×10^{-3}	60.32977
3	24335	0.53463	9.041×10^{-3}	67.17329
4	24026	0.53662	9.434×10^{-3}	69.96899
5	16323	0.53623	7.331×10^{-3}	54.63200
6	24484	0.53623	8.760×10^{-3}	65.27810
7	32646	0.53623	1.024×10^{-2}	76.34251
8	40807	0.53623	1.220×10^{-2}	90.92149
9	48969	0.53623	1.352×10^{-2}	100.73403
10	24552	0.53476	8.124×10^{-3}	60.37329
11	24529	0.53525	8.609×10^{-3}	64.03495
12	24507	0.53574	8.632×10^{-3}	64.26132
13	24484	0.536232	8.919×10^{-3}	66.46083
14	24462	0.536724	9.545×10^{-3}	71.19552
15	24439	0.537217	9.217×10^{-3}	68.80936
16	24417	0.537711	9.651×10^{-3}	72.11627
17	24626	0.53477	8.875×10^{-3}	66.22138
18	24551	0.534771	8.919×10^{-3}	66.46083
19	24477	0.534773	8.398×10^{-3}	62.49138
20	24402	0.534774	9.750×10^{-3}	72.45871
21	24328	0.534776	8.941×10^{-3}	66.35722

根据表 3-3 所示的试验测试结果及式(3-13)可将舍伍德数 Sh 与雷诺数 Re 和施密特数 Sc 的关系拟合为如下的形式:

$$Sh = \frac{\beta_d d_e}{\rho D} = 1.3394 Re^{0.5795} Sc^{3.1234} \tag{3-15}$$

式中,各无量纲准则数计算的定性温度为无压尾水洞入口空气温度与尾水温度的平均值,定性尺寸为无压尾水洞空气流通断面的当量直径。

该拟合公式的适用条件为:无压尾水洞中空气发生冷凝传热传质过程,并且无压尾水洞引风雷诺数 Re 满足 $1.0 \times 10^4 \leqslant Re \leqslant 5.0 \times 10^4$,$0.5 \leqslant Sc \leqslant 0.6$。在该适

用范围内,应用式(5-15)计算无压尾水洞引风系统热湿传递过程的质传递系数具有较高的精度;在雷诺数 Re 超出此拟合范围而无其他可借鉴计算公式时,亦可借鉴该式对无压尾水洞引风过程的质传递系数进行预测。

将表 3-3 的试验数据与应用式(3-15)的拟合结果表示为曲线形式如图 3-38 所示。

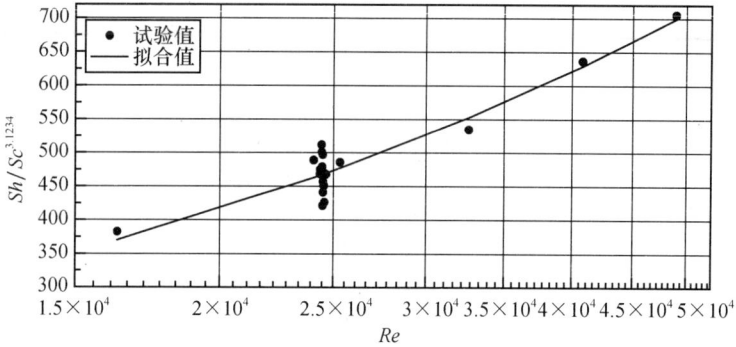

图 3-38　$Sh = f(Re, Sc)$

本 章 小 结

为研究和分析无压尾水洞引风系统的热湿交换特性,本章对四川映秀湾水电站通风空调系统无压尾水洞引风过程的热湿交换特性进行了两个阶段的连续现场测试,并由测试数据分析得出无压尾水洞引风过程热湿交换特性的如下结论:

(1) 尾水在无压尾水洞的沿程流动过程中,水温基本保持不变,可认为是等温流动;

(2) 在无压尾水洞长度足够长的条件下,无压尾水洞引风出口的空气参数主要取决于尾水温度,而受无压尾水洞引风入口空气参数的影响很小;

(3) 在映秀湾水电站无压尾水洞条件下,无压尾水洞引风出口的空气参数为接近对应尾水温度的饱和状态,引风出口空气与尾水间的温差为 0～0.5℃,空气的相对湿度达到 95% 以上。

同时,本章还在瀑布沟水电站无压尾水洞相关数据基础上,采用 1∶50 的比例对瀑布沟水电站原型无压尾水洞进行几何比例缩小,搭建了模拟瀑布沟水电站无压尾水洞引风热湿交换过程的试验台。在该试验台上,根据瀑布沟水电站地区的气象特点及水电站的运行情况,对影响无压尾水洞引风热湿交换过程的四个主要因素:引风入口空气温度、引风入口空气相对湿度、引风风速及尾水温度进行了多工况的试验研究。分析了引风入口温度、相对湿度、引风风速及尾水温度等因素对无压尾水洞引风热湿交换过程的影响,在大量试验数据的基础上,结合量纲分析理论提出了无压尾水洞引风热湿交换过程质传递系数的计算公式与方法:

$$\begin{cases} Sh = \dfrac{\beta_{\mathrm{d}} d_{\mathrm{e}}}{\rho D} = 1.3394 Re^{0.5795} Sc^{3.1234} \\[2mm] Re = \dfrac{\rho u_{\mathrm{a}} d_{\mathrm{e}}}{\mu} \\[2mm] Sc = \dfrac{\mu}{\rho D} \end{cases}$$

$$(1.0 \times 10^{4} \leqslant Re \leqslant 5.0 \times 10^{4}, 0.5 \leqslant Sc \leqslant 0.6)$$

通过无压尾水洞引风热湿交换过程的试验研究,积累了大量的试验测试数据,为后续无压尾水洞引风热湿交换过程的理论模型研究与计算分析提供了基础数据。

第4章　无压尾水洞引风热湿交换过程的理论模型

4.1　概　　述

在水-空气热湿交换理论的基础上,通过对无压尾水洞引风过程空气与尾水表面及洞壁面之间热湿传递过程的分析,对空气采用集总参数法、洞体沿程采用分布参数法建立无压尾水洞引风过程空气与尾水表面及洞壁面之间进行热湿交换的准三维数学模型,通过数值方法进行求解,并采用第3章映秀湾水电站无压尾水洞引风系统的现场测试数据对所建立模型进行验证,以为水电站无压尾水洞引风技术的应用提供理论依据与计算分析工具。

4.2　无压尾水洞引风热湿交换过程的热力分析

无压尾水洞引风过程是空气在无压尾水洞沿程流动过程中,与逆向流动的尾水表面及洞壁面之间进行热湿交换的空气处理过程。在水电工程中,将无压尾水洞处理后的空气送入电站厂房进行通风空调,实现无压尾水洞引风技术在水电站厂房通风空调系统中的应用。

根据水-空气之间热湿交换原理,在水电站无压尾水洞引风系统中,针对无压尾水洞全年尾水及岩层温度的变化特点,无压尾水洞对引入洞外空气的热湿处理过程主要包括如图 4-1 所示的三种形式。

1) 空气的降温除湿处理过程

无压尾水洞对空气的降温除湿处理过程主要发生在夏季运行工况,当引入洞外空气的温度高于对应尾水及洞壁面温度,并且引入空气的水蒸气分压力高于对应尾水温度的饱和水蒸气分压力时,在温差及水蒸气分压力差的驱动下,无压尾水洞对逆向流动的空气进行降温除湿处理,如图 4-1 中的 N—1 处理过程。

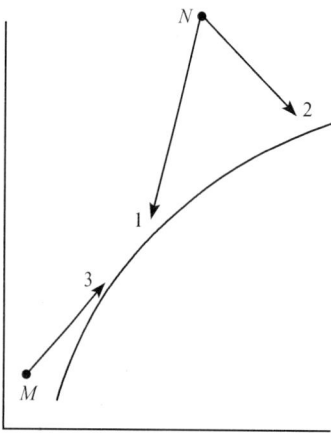

图 4-1　无压尾水洞对空气的处理过程

2) 空气的降温加湿处理过程

当引入洞外空气的温度高于对应尾水温度,并且空气的水蒸气分压力低于尾水温度对应的饱和水蒸气分压力时,无压尾水洞对空气的处理过程为降温加湿过程,如图 4-1 中的 $N—2$ 处理过程。

3) 空气的加热加湿处理过程

在冬季运行工况下,当引入洞外空气的温度低于尾水温度,并且空气的水蒸气分压力低于尾水温度对应的饱和水蒸气分压力时,无压尾水洞对空气进行加热加湿处理,如图 4-1 中的 $M—3$ 处理过程。

4.3　无压尾水洞引风热湿交换过程的理论模型

4.3.1　无压尾水洞引风热湿交换过程的物理模型

在建立无压尾水洞引风过程的物理模型时,其整体思路为:将空气沿无压尾水洞流动方向的热湿传递过程简化为一维问题,并将洞内各断面空气按集总参数处理,在无压尾水洞流动过程中空气与洞壁及尾水表面之间同时进行热湿交换,热湿交换量按空气平均参数与壁面温度和尾水温度之间的关系进行计算。而对岩层内部的传热计算采用分布参数法,其传热过程按二维处理,即考虑径向和湿周方向的传热,忽略沿空气流动方向的传热。也即将一维传热传湿的空气和与之正交的洞体岩层的二维传热过程处理为准三维模型。

根据上述建模思路,取如图 4-2 所示无压尾水洞引风过程的单元体,为使所建立的数学模型能真实地反映无压尾水洞引风的热湿交换过程,并便于问题的求解与分析,建立如下物理模型:

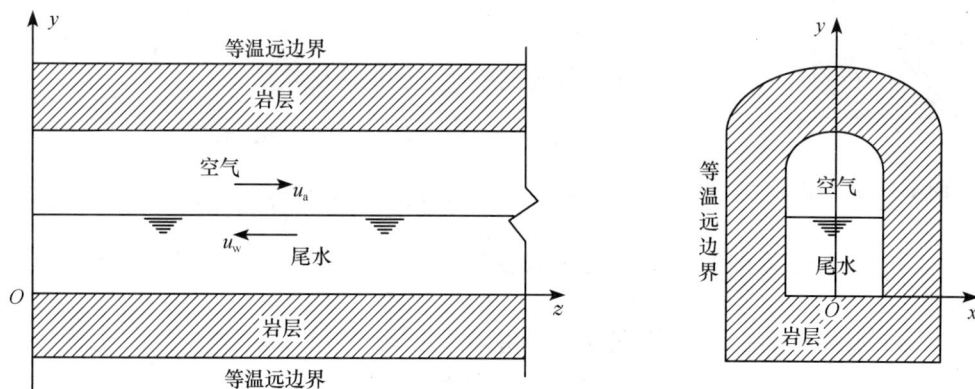

图 4-2　无压尾水洞结构示意图

(1) 无压尾水洞引风出口空气的平均参数是该技术应用的关键控制参数,因此将无压尾水洞各断面空气参数按集总参数处理,认为在各个断面空气参数均匀一致。

（2）空气与洞体岩层的传热按准三维处理，即空气采用集总参数法，只考虑流动方向的传热传湿；而洞体岩层（含壁面）按分布参数处理，同时考虑径向和湿周方向的二维传热。因此，在计算单元内空气与洞体岩层构成正交的准三维传热过程。

（3）水的热容量相对空气热量大很多，空气的传热对水温影响很小。因此认为，无压尾水洞中尾水为等温流动过程，水温随时间的变化关系已知。

（4）洞体岩层为各向同性的均匀介质，岩层的物性参数为常数，忽略岩层内部水渗流的影响。

（5）洞体岩层的远边界按等温边界处理，等温边界的温度为当地岩层的初始温度。

（6）认为洞体内壁面为润湿表面。

4.3.2　无压尾水洞引风过程的数学模型

在上述所建物理模型基础上，由于无压尾水洞引风热湿交换过程的对称性，在图 4-2 中取 dz 长度无压尾水洞，并以半微元截面作为研究对象，如图 4-3 所示。对微元体内空气及洞体岩层进行热湿平衡分析，建立空气在无压尾水洞流动过程中的热湿交换数学模型。

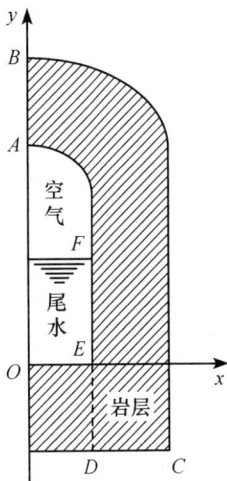

图 4-3　微元截面

1. 无压尾水洞内空气的热湿交换模型

（1）空气与洞壁面之间的显热交换量

$$dQ_{x,b} = \sum_{dy} \alpha_b (t_a - t_b) dy dz = \alpha_b t_a U dz - \alpha_b \sum_{dy} t_b dy dz \tag{4-1}$$

（2）空气与洞壁面之间的湿交换量

$$dW_b = \sum_{dy} \beta_b^p (P_a - P_{b,sat}) dy dz$$
$$= \beta_b^p P_a U dz - \beta_b^p \sum_{dy} P_{b,sat} dy dz \tag{4-2}$$

（3）空气与尾水表面之间的显热交换量

$$dQ_{x,w} = \alpha_w (t_a - t_w) L dz \tag{4-3}$$

（4）空气与尾水表面之间的湿交换量

$$dW_w = \beta_w^p (P_a - P_{w,sat}) L dz \tag{4-4}$$

在一般温度范围内湿空气的水蒸气分压力相对空气压力较小，因此，可由式 $d = 0.622 \dfrac{\varphi P_{sat}}{B - \varphi P_{sat}}$ 将空气的水蒸气分压力差 ΔP 与其含湿量差 Δd 的关系表示为

$$\Delta d \approx 0.622 \frac{\Delta P}{B} \tag{4-5}$$

因此，由湿平衡关系 $\beta\Delta d = \beta^{\mathrm{p}}\Delta P$ 可得到以水蒸气分压力差和以含湿量差为推动力的质传递系数之间的关系为

$$\beta^{\mathrm{p}} = \frac{0.622}{B}\beta \tag{4-6}$$

由式(4-5)和式(4-6)可将以水蒸气分压力差为驱动力的湿交换量表示为以含湿量差为驱动力的湿交换量形式为

$$\mathrm{d}W_{\mathrm{b}} = \beta_{\mathrm{b}} d_{\mathrm{a}} U \mathrm{d}z - \beta_{\mathrm{b}} \sum_{\mathrm{dy}} d_{\mathrm{b,sat}} \mathrm{d}y \mathrm{d}z \tag{4-7}$$

$$\mathrm{d}W_{\mathrm{w}} = \beta_{\mathrm{w}} (d_{\mathrm{a}} - d_{\mathrm{w,sat}}) L \mathrm{d}z \tag{4-8}$$

（5）流入流出微元体空气的净热焓

$$\mathrm{d}Q_{\mathrm{f}} = -m_{\mathrm{a}} \frac{\partial i_{\mathrm{a}}}{\partial z} \mathrm{d}z \tag{4-9}$$

（6）流入流出微元体空气的净湿量

$$\mathrm{d}W_{\mathrm{f}} = -m_{\mathrm{a}} \frac{\partial d_{\mathrm{a}}}{\partial z} \mathrm{d}z \tag{4-10}$$

因此，由式(4-1)～式(4-10)可得到空气在无压尾水洞流动过程中的能量平衡方程为

$$\begin{aligned}
\rho_{\mathrm{a}} A \frac{\partial i_{\mathrm{a}}}{\partial \tau} &= \alpha_{\mathrm{b}} t_{\mathrm{a}} U - \alpha_{\mathrm{b}} \sum_{\mathrm{dy}} t_{\mathrm{b}} \mathrm{d}y + \alpha_{\mathrm{w}}(t_{\mathrm{w}} - t_{\mathrm{a}}) L - m_{\mathrm{a}} \frac{\partial i_{\mathrm{a}}}{\partial z} \\
&\quad + r\Big[\beta_{\mathrm{b}} \sum_{\mathrm{dy}} d_{\mathrm{b,sat}} \mathrm{d}y - \beta_{\mathrm{b}} d_{\mathrm{a}} U + \beta_{\mathrm{w}}(d_{\mathrm{w,sat}} - d_{\mathrm{a}}) L\Big]
\end{aligned} \tag{4-11}$$

在雷诺数相同的情况下，根据契尔顿-柯尔本热质交换类似律：

$$\alpha = \beta c_{\mathrm{pa}} Le^{\frac{2}{3}} \tag{4-12}$$

在空气与尾水表面及洞壁面的热湿处理过程中，对空气-水系统，可以近似认为其处理过程符合刘易斯关系式[1]，即

$$\begin{cases} Le \approx 1 \\ \dfrac{\alpha}{\beta} = c_{\mathrm{pa}} \end{cases} \tag{4-13}$$

同时对于湿空气，其比热容可表示为

$$c_{\mathrm{pa}} = 1.01 + 1.84 d_{\mathrm{a}} \tag{4-14}$$

因此，由式(4-13)、式(4-14)，可将式(4-11)的能量平衡方程表示为空气焓方程形式为

$$\frac{\partial i_{\mathrm{a}}}{\partial \tau} = -u_{\mathrm{a}} \frac{\partial i_{\mathrm{a}}}{\partial z} - \frac{\beta_{\mathrm{b}}}{\rho_{\mathrm{a}} A}\Big(i_{\mathrm{a}} U - \sum_{\mathrm{dy}} i_{\mathrm{b,sat}} \mathrm{d}y\Big) - \frac{L\beta_{\mathrm{w}}}{\rho_{\mathrm{a}} A}(i_{\mathrm{a}} - i_{\mathrm{w,sat}}) \tag{4-15}$$

同理，得到微元体内空气的湿平衡方程为

$$\frac{\partial d_a}{\partial \tau} = -u_a \frac{\partial d_a}{\partial z} - \frac{\beta_b}{\rho_a A}\left(d_a U - \sum_{dy} d_{b,sat}\, dy\right) - \frac{\beta_w L}{\rho_a A}(d_a - d_{w,sat}) \quad (4\text{-}16)$$

以上式中:U 为空气与洞壁接触的湿周,m;L 为尾水洞宽度,m;τ 为温度,℃;d 为空气的含湿量,kg/kg;i 为空气的焓值,kJ/kg;P 为水蒸气分压力,Pa;B 为大气压力,Pa;r 为水的汽化潜热,$r=2501$kJ/kg;m_a 为空气的质量流量,kg/s;c_{pa} 为空气的比热容,kJ/(kg·℃);Le 为刘易斯数,对水-空气系统 $Le \approx 1$;α 为对流换热系数,W/(m²·℃);u_a 为尾水洞引风风速,m/s,$u_a=m_a/(\rho_a A)$;β、β^p 分别对应以空气的含湿量差和水蒸气分压力差为驱动力的质传递系数,单位分别为 kg/(m²·s) 和 kg/(m²·s·Pa),对于大空间无压尾水洞,β 可按下式计算[2]:

对空气的减湿过程

$$\beta = \frac{\rho_a}{3600}(11.3u + 12.1) \quad (4\text{-}17)$$

对空气的加湿过程

$$\beta = \frac{\rho_a}{3600}(16.2u + 22.3) \quad (4\text{-}18)$$

式中:u 为引风相对速度,m/s。对于洞壁面,$u=u_a$;对于水面,$u=u_a+u_w$。

下角 a、b、w 分别表示空气、洞壁面和水面;sat 表示对应温度的饱和状态。

2. 洞体岩层的传热

在洞体岩层的传热计算中采用分布参数法,同时考虑 x、y 方向二维导热,忽略轴向的热传导。因此,在直角坐标系下,为与空气的能量平衡方程(焓方程)相对应,将洞体岩层的能量方程表示为焓方程的形式为

$$\frac{\partial i_g}{\partial \tau} = a\left(\frac{\partial^2 i_g}{\partial x^2} + \frac{\partial^2 i_g}{\partial y^2}\right) \quad (4\text{-}19)$$

式中:a 为岩层的导温系数,m²/s;i_g 为岩层的焓,kJ/kg,$i_g = c_{pg} t_g$;c_{pg} 为岩层的比热容,kJ/(kg·℃)。

3. 边界条件和初始条件

(1) 洞体岩层的远边界(边界 BC 和 CD)

$$t\mid_{BC,CD} = t_o \quad (4\text{-}20)$$

(2) 尾水面液下洞壁表面(边界 EF)

$$q = \alpha_w[t_w(\tau) - t_b(\tau)] \quad (4\text{-}21)$$

(3) 无压尾水洞入口水温

$$t_w(\tau) = f_{w,t}(\tau) \quad (4\text{-}22)$$

(4) 尾水洞入口空气参数

$$\begin{cases} t_a(\tau) = t_{a,inlet}(\tau) \\ d_a(\tau) = d_{a,inlet}(\tau) \end{cases} \quad (4\text{-}23)$$

（5）空气流速及尾水流速

$$\begin{cases} u_{\mathrm{a}}(\tau) = f_{\mathrm{a,u}}(\tau) \\ u_{\mathrm{w}}(\tau) = f_{\mathrm{w,u}}(\tau) \end{cases} \tag{4-24}$$

（6）与空气接触的洞壁面（边界 FA）

$$q = -\frac{\lambda_{\mathrm{g}}}{c_{\mathrm{pg}}} \frac{\partial i_{\mathrm{g}}}{\partial x}\bigg|_{\mathrm{b}} = \beta_{\mathrm{b}}(i_{\mathrm{a}} - i_{\mathrm{b,sat}}) \tag{4-25}$$

（7）与空气接触的尾水表面

$$q = \beta_{\mathrm{w}}(i_{\mathrm{a}} - i_{\mathrm{w,sat}}) \tag{4-26}$$

（8）岩层的初始条件

$$t\,|_{\tau=0} = t_{\mathrm{o}} \tag{4-27}$$

（9）绝热边界（边界 DE 和 AB）

$$\frac{\partial t}{\partial x}\bigg|_{DE,AB} = 0 \tag{4-28}$$

以上式中：t_{o} 为岩层的初始温度，℃；$f_{\mathrm{w,t}}(\tau)$ 为逐时尾水温度，℃；$t_{\mathrm{a,inlet}}(\tau)$ 为无压尾水洞引风入口逐时空气温度，℃；$d_{\mathrm{a,inlet}}(\tau)$ 为无压尾水洞引风入口逐时空气含湿量，kg/kg；$f_{\mathrm{au}}(\tau)$、$f_{\mathrm{wu}}(\tau)$ 为无压尾水洞逐时引风风速及尾水流速，m/s。

至此，在对无压尾水洞引风过程热力分析基础上，建立了无压尾水洞引风热湿交换过程的准三维数学模型。

4.4　理论模型的求解

4.4.1　方程的离散化

对于该微元控制区域，由二维平直区域和半圆弧形区域组成，如图 4-4 所示。因此，在进行区域离散时采用坐标系组合方法，即对 I 区采用直角坐标，在 II 区采用圆柱坐标。在采用坐标系组合方法离散时，在各坐标区域采用相应的控制方程。

1. 洞体岩层能量方程的离散

由于在洞体岩层内的传热过程为二维非稳态导热过程，为求解问题的方便，在方程的离散化时采用交替方向隐式格式（ADI），即在离散时引入时间的中间步长（$\tau + 0.5\Delta\tau$），并将二维导热微分方程离散为两个三结点关系式，再采用三对角线矩阵解法（TDMA）分别进行求解。该算法的思想为：在前半时间步长对某一方向（如 x 方向）采用隐式格式求解而使另一

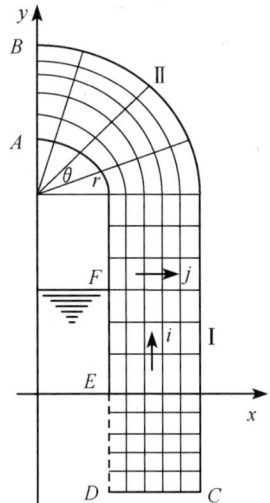

图 4-4　组合坐标示意图

方向(如 y 方向)为显式;类似地,在后半时间步长,对 y 方向采用隐式格式求解而使 x 方向为显式。这样将一个二维问题转化为两个串联的一维隐式格式问题进行求解。一般而言,ADI 算法是绝对稳定,并且在时间和空间坐标上具有二阶精度。

1) I 区　直角坐标系区域的离散

对岩层能量方程(4-19)采用 ADI 格式进行离散,引入时间的中间步($\tau + 0.5\Delta\tau$),在前半时间步长对 x 方向采用隐式格式,y 方向采用显式格式;在后半时间步长对 y 方向采用隐式格式,x 方向采用显式格式,得到如下两个三节点离散关系式:

$$
\begin{cases}
\dfrac{i_g\left(k,i,j,n+\frac{1}{2}\right)-i_g(k,i,j,n)}{0.5\Delta\tau} \\[3mm]
=a\left[\dfrac{i_g\left(k,i,j+1,n+\frac{1}{2}\right)-2i_g\left(k,i,j,n+\frac{1}{2}\right)+i_g\left(k,i,j-1,n+\frac{1}{2}\right)}{\Delta x^2}\right. \\[4mm]
\left.+\dfrac{i_g(k,i+1,j,n)-2i_g(k,i,j,n)+i_g(k,i-1,j,n)}{\Delta y^2}\right] \\[5mm]
\dfrac{i_g(k,i,j,n+1)-i_g\left(k,i,j,n+\frac{1}{2}\right)}{0.5\Delta\tau} \\[3mm]
=a\left[\dfrac{i_g\left(k,i,j+1,n+\frac{1}{2}\right)-2i_g\left(k,i,j,n+\frac{1}{2}\right)+i_g\left(k,i,j-1,n+\frac{1}{2}\right)}{\Delta x^2}\right. \\[4mm]
\left.+\dfrac{i_g(k,i+1,j,n+1)-2i_g(k,i,j,n+1)+i_g(k,i-1,j,n+1)}{\Delta y^2}\right]
\end{cases}
$$

$$\text{(4-29)}$$

令

$$
\begin{cases}
\zeta=\dfrac{\Delta x}{\Delta y} \\[3mm]
\psi=\dfrac{2\Delta x^2}{a\Delta\tau}
\end{cases}
\tag{4-30}
$$

则式(4-29)整理为

$$-i_g\left(k,i,j-1,n+\frac{1}{2}\right)+(2+\psi)i_g\left(k,i,j,n+\frac{1}{2}\right)-i_g\left(k,i,j+1,n+\frac{1}{2}\right)=R_1$$

$$\text{(4-31)}$$

$$-\zeta^2 i_g(k,i-1,j,n+1)+(2\zeta^2+\psi)i_g(k,i,j,n+1)-\zeta^2 i_g(k,i+1,j,n+1)=R_2$$

$$\text{(4-32)}$$

式中:

$$
\begin{cases}
R_1 = \psi i_g(k,i,j,n) + \zeta^2\left[i_g(k,i+1,j,n) - 2i_g(k,i,j,n) + i_g(k,i-1,j,n)\right] \\
R_2 = \psi i_g\left(k,i,j,n+\dfrac{1}{2}\right) + \left[i_g\left(k,i,j+1,n+\dfrac{1}{2}\right) - 2i_g\left(k,i,j,n+\dfrac{1}{2}\right)\right. \\
\quad \left. + i_g\left(k,i,j-1,n+\dfrac{1}{2}\right)\right]
\end{cases} \tag{4-33}
$$

节点编号 k 表示空气流动方向(轴向)节点,i 表示 y 方向节点,j 表示 x 方向节点,$j=1$ 壁面节点。

2) Ⅱ区　圆柱坐标区域离散

将洞体岩层的能量方程(4-19)转换为圆柱坐标系下的控制方程为

$$
\frac{\partial i_g}{\partial \tau} = a\left[\frac{1}{r^2}\frac{\partial^2 i_g}{\partial \theta^2} + \left(\frac{1}{r}\frac{\partial i_g}{\partial r} + \frac{\partial^2 i_g}{\partial r^2}\right)\right] \tag{4-34}
$$

对方程(4-34)采用 ADI 格式进行离散得到如下两个三结点关系式:

$$
\begin{cases}
\dfrac{i_g\left(k,i,j,n+\dfrac{1}{2}\right) - i_g(k,i,j,n)}{0.5\Delta\tau} \\[3mm]
= a\left[\dfrac{1}{r(j)^2}\dfrac{i_g(k,i+1,j,n) - 2i_g(k,i,j,n) + i_g(k,i-1,j,n)}{\Delta\theta^2}\right. \\[3mm]
\quad + \dfrac{1}{r(j)}\dfrac{i_g\left(k,i,j+1,n+\dfrac{1}{2}\right) - i_g\left(k,i,j-1,n+\dfrac{1}{2}\right)}{2\Delta r} \\[3mm]
\quad \left. + \dfrac{i_g\left(k,i,j+1,n+\dfrac{1}{2}\right) - 2i_g\left(k,i,j,n+\dfrac{1}{2}\right) + i_g\left(k,i,j-1,n+\dfrac{1}{2}\right)}{\Delta r^2}\right]
\end{cases} \tag{4-35}
$$

$$
\begin{cases}
\dfrac{i_g(k,i,j,n+1) - i_g\left(k,i,j,n+\dfrac{1}{2}\right)}{0.5\Delta\tau} \\[3mm]
= a\left[\dfrac{1}{r(j)^2}\dfrac{i_g(k,i+1,j,n+1) - 2i_g(k,i,j,n+1) + i_g(k,i-1,j,n+1)}{\Delta\theta^2}\right. \\[3mm]
\quad + \dfrac{1}{r(j)}\dfrac{i_g\left(k,i,j+1,n+\dfrac{1}{2}\right) - i_g\left(k,i,j-1,n+\dfrac{1}{2}\right)}{2\Delta r} \\[3mm]
\quad \left. + \dfrac{i_g\left(k,i,j+1,n+\dfrac{1}{2}\right) - 2i_g\left(k,i,j,n+\dfrac{1}{2}\right) + i_g\left(k,i,j-1,n+\dfrac{1}{2}\right)}{\Delta r^2}\right]
\end{cases} \tag{4-36}
$$

令

$$
\begin{cases}
\eta = \dfrac{\Delta\theta}{\Delta r} \\[2mm]
\omega = \dfrac{2\Delta\theta^2}{a\Delta\tau}
\end{cases}
\tag{4-37}
$$

整理式(4-36)得

$$
\begin{cases}
-\left(\eta^2 - \dfrac{\eta\Delta\theta}{2r(j)}\right)i_g\left(k,i,j-1,n+\dfrac{1}{2}\right) + (\omega + 2\eta^2)i_g\left(k,i,j,n+\dfrac{1}{2}\right) \\[3mm]
\quad -\left(\dfrac{\eta\Delta\theta}{2r(j)} - \eta^2\right)i_g\left(k,i,j+1,n+\dfrac{1}{2}\right) = R_1 \tag{4-38} \\[4mm]
-\dfrac{1}{r(j)^2}i_g\left(k,i-1,j,n+\dfrac{1}{2}\right) + \left(\omega + \dfrac{2}{r(j)^2}\right)i_g\left(k,i,j,n+\dfrac{1}{2}\right) \\[3mm]
\quad -\dfrac{1}{r(j)^2}i_g\left(k,i+1,j,n+\dfrac{1}{2}\right) = R_2 \tag{4-39}
\end{cases}
$$

$$
\begin{cases}
R_1 = \left[\omega - \dfrac{2}{r(j)^2}\right]i_g(k,i,j,n) + \dfrac{1}{r(j)^2}i_g(k+1,i,j,n) + \dfrac{1}{r(j)^2}i_g(k,i-1,j,n) \\[3mm]
R_2 = \left[\eta^2 - \dfrac{\eta\Delta\theta}{2r(j)}\right]i_g(k,i-1,j,n) + (\omega - 2\eta^2)i_g(k,i,j,n) \\[3mm]
\quad + \left[\dfrac{\eta\Delta\theta}{2r(j)} + \eta^2\right]i_g(k,i+1,j,n) \tag{4-40}
\end{cases}
$$

因此，根据上一时间步长(n)所求得的结果计算 R_1，采用 TDMA 算法求解方程(4-31)、方程(4-38)得到($n+0.5$)中间时刻 $i_g(i,j,n+0.5)$，然后计算 R_2。最后采用 TDMA 算法对方程(4-32)、方程(4-39)求解得到($n+1$)时刻的解 $i_g(i,j,n+1)$。

2. 空气焓方程的离散

对式(4-15)所示的空气焓方程，采用一维隐式格式进行离散得到的离散化方程为

$$
\left(\frac{2\rho_a A}{\Delta\tau} + \frac{\rho_a Au}{\Delta z} + U\beta_b - L\beta_w\right)i_a(k,n+1)
$$
$$
= \frac{2\rho_a A}{\Delta\tau}i_a(k,n) + \frac{\rho_a Au}{\Delta z}i_a(k-1,n+1) + \beta_b\sum_{FA}i_{b,sat}(k,i,n+1)\Delta y - L\beta_w i_w(n+1)
\tag{4-41}
$$

3. 空气含湿量方程的离散

对空气的含湿量方程，采用一维隐式格式进行离散得到的离散化方程为

$$\left(\frac{2\rho_a A}{\Delta \tau} + \frac{\rho_a A u_a}{\Delta z} + U\beta_b - L\beta_w\right)d_a(k, n+1)$$

$$= \frac{2\rho_a A}{\Delta \tau}d_a(k, n) + \frac{\rho_a A u_a}{\Delta z}d_a(k-1, n+1) + \beta_b \sum_{FA} d_{b,sat}(k, i, n+1)\Delta y - L\beta_w d_w(n+1)$$

$$(4\text{-}42)$$

4. 边界条件的离散

对于洞体壁面,其壁面温度与对应饱和状态空气的焓值之间的关系可拟合为如下关系式[3]：

$$\begin{cases} i_{b,sat} = p_1 t_g + p_2 \\ p_1 = 3.90603 \\ p_2 = -16.93979 \end{cases} \quad (4\text{-}43)$$

1) 与空气接触壁面(边界 FA)

$$q_b = \beta_b(i_a - i_{b,sat}) = \lambda_g \frac{t_b - t_g}{0.5\Delta y}$$

$$= \frac{\lambda_g}{0.5\Delta y}\left[\frac{i_{b,sat}(k, i, n+1)}{p_1} - \frac{i_g(k, i, 2, n+1)}{c_{pg}} - \frac{p_2}{p_1}\right] \quad (4\text{-}44)$$

2) 水面与空气的接触面

$$q_w = \beta_w[i_a(k, n+1) - i_w(n+1)] \quad (4\text{-}45)$$

4.4.2　模型的求解

在该准三维模型中,因洞壁面和空气相对轴向一维流动的空气及与之正交的二维导热的洞体岩层互为耦合边界,故在模型的求解过程中需采用迭代算法。其整体求解步骤为：

(1) 根据上一时刻岩层和洞内空气的状态假定洞壁面温度 t_{bg},并由式(4-43)计算壁面温度对应饱和状态空气的焓值 $i_{bo,sat}$。

(2) 由(1)设定的壁面温度对应的饱和空气焓值 $i_{bo,sat}$,并由式(4-41)计算无压尾水洞内空气的焓值 i_{ao}。

(3) 以(2)计算得到的空气焓值 i_{ao} 作为洞体岩层传热计算的边界条件,由式(4-29)~式(4-40)计算洞体岩层的焓值(或温度)分布 i_g(或 t_g)。

(4) 由(3)计算得到的壁面温度对应的空气饱和焓值(或温度)$i_{b,sat}$(t_{gs})由式(4-41)重新计算空气的焓值 i_{air},若本次计算结果与(1)的计算结果满足：$|i_{air} - i_{ao}|$ $\leqslant$ eps,则该次迭代终止;否则,令 $t_{bg} = t_{gs}$,返回(1)重新迭代计算,直至满足精度要求。

(5) 由(4)计算得到的洞壁面温度 t_{gs} 计算壁面温度对应的空气饱和含湿量 $d_{b,sat}$。

(6) 由(4)、(5)求得的壁面温度对应的饱和空气含湿量 $d_{b,sat}$ 及空气的焓值 i_{air} 后,由式(4-42)便可计算得到空气的含湿量分布 d_a。

利用本章所建无压尾水洞引风热湿交换过程的数理模型及上述模型算法,可编制无压尾水洞引风热湿交换过程的模拟计算程序。在模拟程序中输入参数为:无压尾水洞的结构参数(如尾水洞的长度、宽度、高度、尾水深度、拱顶高度等)、岩层的物性参数(导热系数、比热容、密度)、岩层的初始温度、远边界层厚度、引风参数(包括引风的温度、含湿量及引风量等)、尾水流量及尾水温度。输出参数为:空气在无压尾水洞岩层流动过程的逐时温度、含湿量分布、无压尾水洞引风出口全年空气参数变化曲线、无压尾水洞引风过程中空气与壁面、空气与尾水表面之间的逐时热湿交换量、尾水洞壁表面的温度分布及岩层内部的温度分布等。

4.5　理论模型的验证

为验证无压尾水洞引风热湿交换过程理论模型的准确性,在第 3 章四川映秀湾水电站通风空调系统无压尾水洞引风热湿交换特性现场测试数据的基础上,对所建立的理论模型进行了测试验证。

测试验证条件:尾水洞长 380m,宽 7.0m,高 13.58m,其中拱顶高度为 1.1m,断面尺寸如图 3-1 所示。测试期间尾水洞内的引风量为 $12.1 \times 10^4 m^3/h$,引风风速为 0.98m/s,尾水流量为 215m^3/s;洞体岩层为致密花岗岩,密度为 3000kg/m^3,导热系数为 3.55W/(m·℃),导温系数为 $1.3944 \times 10^{-6} m^2/s$,岩层的初始温度在 16.3℃左右,远边界层厚度取 10m。现场测试与模拟计算结果如图 4-5～图 4-7 所示。

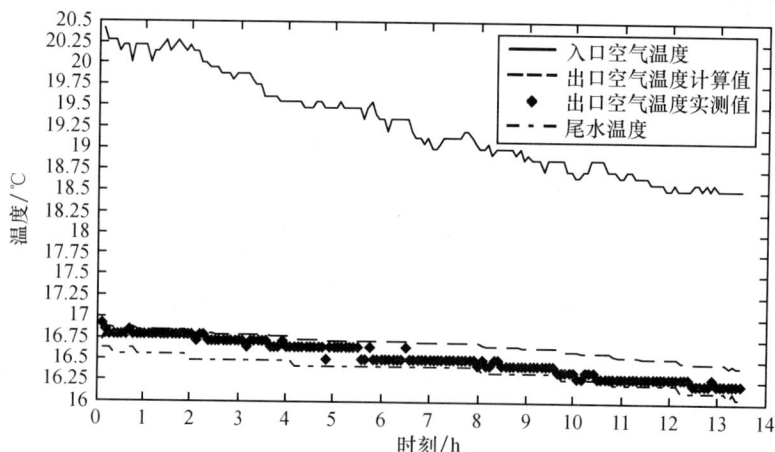

图 4-5　第一测试时段引风出口温度实测值与计算值比较

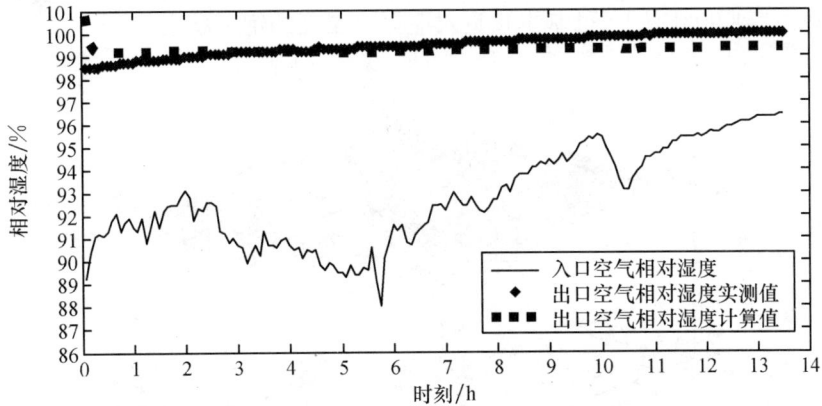

图 4-6　第一测试时段引风出口相对湿度实测值与计算值比较

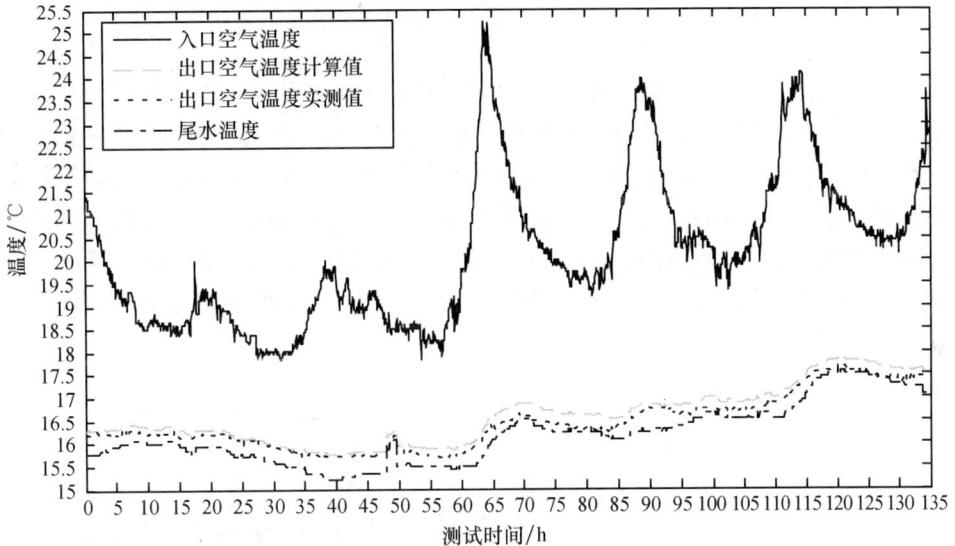

图 4-7　第二测试时段引风出口温度实测值与计算值比较

　　图 4-5、图 4-6 分别为在第一测试时段无压尾水洞引风出口空气温度及相对湿度实测值与计算值的比较结果。图 4-7 为第二测试时段(连续测试 6 天)无压尾水洞引风出口空气温度的实测值与计算值比较结果。由图可见,在映秀湾水电站无压尾水洞引风系统现场测试条件下,无压尾水洞引风出口空气参数的计算与实测值吻合较好,空气温度的计算值与实测值之间的偏差仅为 0.3℃左右,相对湿度的计算值与实测值偏差约为 3%;并且实测与计算结果在数值分布上表现出很好的一致性。

　　图 4-8 为应用模型对第二测试阶段无压尾水洞引风的相对湿度沿程变化计算结果。由图可见,当空气沿无压尾水洞流动至 200m 左右时,无压尾水洞中空气的

相对湿度达到90%以上,已基本接近对应尾水温度的饱和状态。

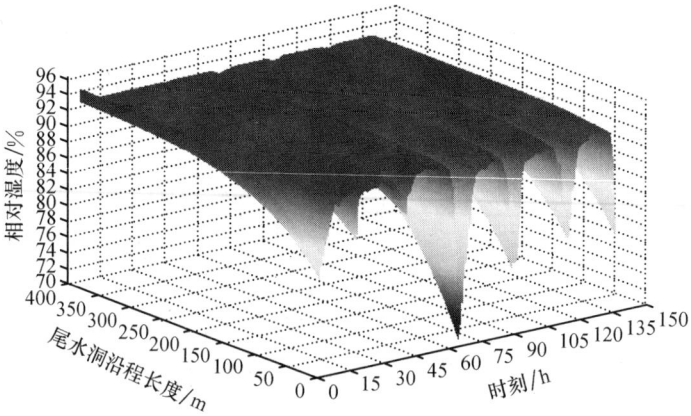

图 4-8　第二测试阶段无压尾水洞引风相对湿度计算结果

　　图 4-9、图 4-10 分别为在第二测试时段无压尾水洞引风过程中空气与尾水表面、空气与壁面之间的热湿交换量计算结果。由图可见,在无压尾水洞引风的热湿交换过程中,空气的热湿交换主要发生在空气与尾水表面之间,在各时刻其热湿交换量占总热湿交换量的 80%～90%。模拟计算结果表明,在映秀湾水电站无压尾水洞的结构及运行条件下,尾水的表面状况是决定无压尾水洞引风热湿处理过程的决定性因素,在引风热湿交换过程中,空气与尾水表面之间的热湿交换占主导作用。

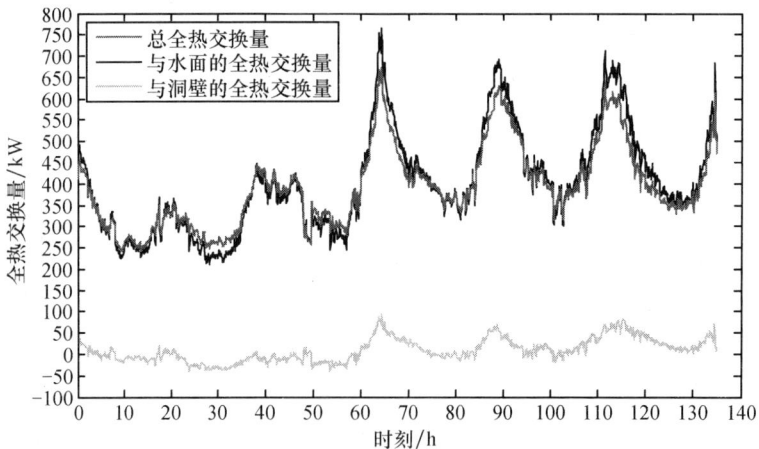

图 4-9　第二测试阶段无压尾水洞引风全热交换量计算结果

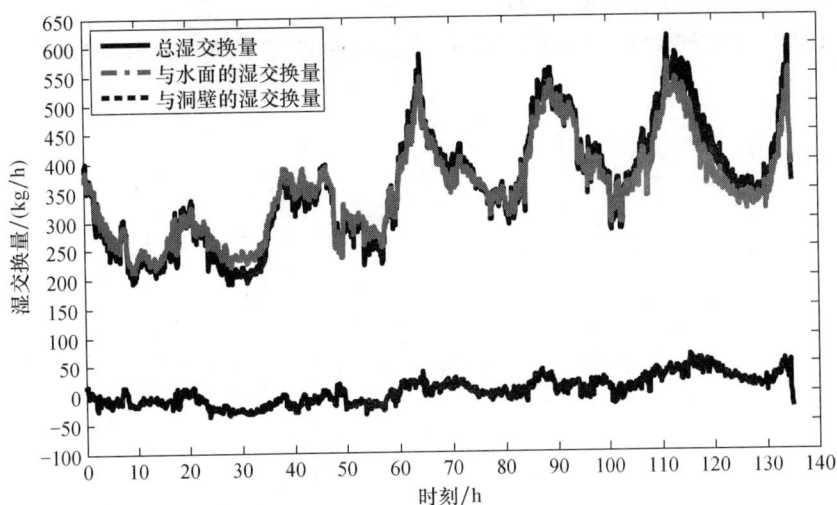

图 4-10　第二测试阶段无压尾水洞引风湿交换量计算结果

因此,由现场测试数据验证表明,本书所建无压尾水洞引风热湿交换过程的数理模型具有较高的准确性和实用性,可应用于水电站无压尾水洞引风系统热湿交换过程的计算与分析。

本 章 小 结

本章在无压尾水洞引风热湿交换过程理论分析的基础上,对空气采用集总参数、洞体岩层采用分布参数法建立了无压尾水洞引风过程热湿交换特性的准三维数学模型,并采用交替方向隐式格式(ADI)算法对模型进行了离散求解。

应用映秀湾水电站无压尾水洞现场测试数据对所建数学模型进行了验证,模拟计算与现场测试结果表明,应用该模型计算结果与现场测试数据吻合较好,并且在数据分布上具有很好的一致性。由此表明,所建无压尾水洞引风热湿交换过程的准三维数学模型具有较好的精度和可靠性,可用于水电站无压尾水洞引风过程热湿交换特性的计算与分析。

参 考 文 献

[1] 连之伟,张寅平,陈宝明等. 热质交换原理与设备. 北京:中国建筑工业出版社,2001.

[2] 絵内正道,荒谷登,前田英彦,川口泰文,森太郎. 冷却流水面による大規模吹抜け空間の調湿·除湿.第1報——小型模型空間を用いた流水面の凝縮·蒸発量の実験結果. 空気

調和・衛生工学会論文集,1999,72:47～56.

[3]　陈祖荻. 湿空气参数计算法及其 TI-58C 型计算器的计算程序简介(上). 铁道车辆,1985,
(2):25～33.

第 5 章　无压尾水洞引风过程的热湿交换特性

5.1　概　　述

水电站无压尾水洞引风过程是空气与尾水表面及洞壁面之间进行热湿交换的空气处理过程,其热湿交换特性主要受无压尾水洞引风风速、岩层的热特性(包括热物性参数、初始温度及长期热累积效应等)、尾水流速、尾水温度等多因素的相互影响和制约。研究和分析无压尾水洞引风过程的热湿交换特性对无压尾水洞引风技术的应用具有理论指导意义。

本章将在无压尾水洞引风过程准三维数学模型的基础上,通过模拟计算、分析和研究各因素对无压尾水洞引风过程热湿交换特性的影响,探求无压尾水洞引风过程的热湿交换规律,为无压尾水洞引风技术的工程应用提供基础。

5.2　岩层热参数对引风特性的影响

为分析无压尾水洞岩层热参数对无压尾水洞引风过程热湿交换特性的影响,本节对具有如表 5-1 所示岩层物性参数的无压尾水洞引风过程进行了连续 3 年的模拟计算。计算中无压尾水洞全年尾水温度 16℃、洞体岩层初始温度 18℃、引风风速 1.0m/s、尾水流速为 4.0m/s、无压尾水洞长 500m,断面尺寸如图 5-1 所示,岩层的远边界厚度为 10m。无压尾水洞引风入口空气参数如图 5-2 所示(在后续计算中均采用此气象参数)。

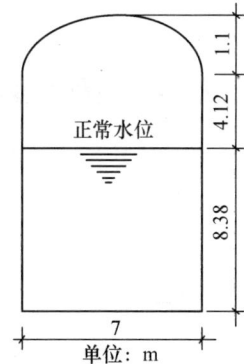

图 5-1　无压尾水洞断面

表 5-1　岩层的热物性参数

致密花岗岩			粗粒花岗岩		
名　称	单　位	数　值	名　称	单　位	数　值
导热系数	W/(m·℃)	3.55	导热系数	W/(m·℃)	2.21
密度	kg/m³	2900	密度	kg/m³	2722
比热容	kJ/(kg·℃)	0.88	比热容	kJ/(kg·℃)	0.93

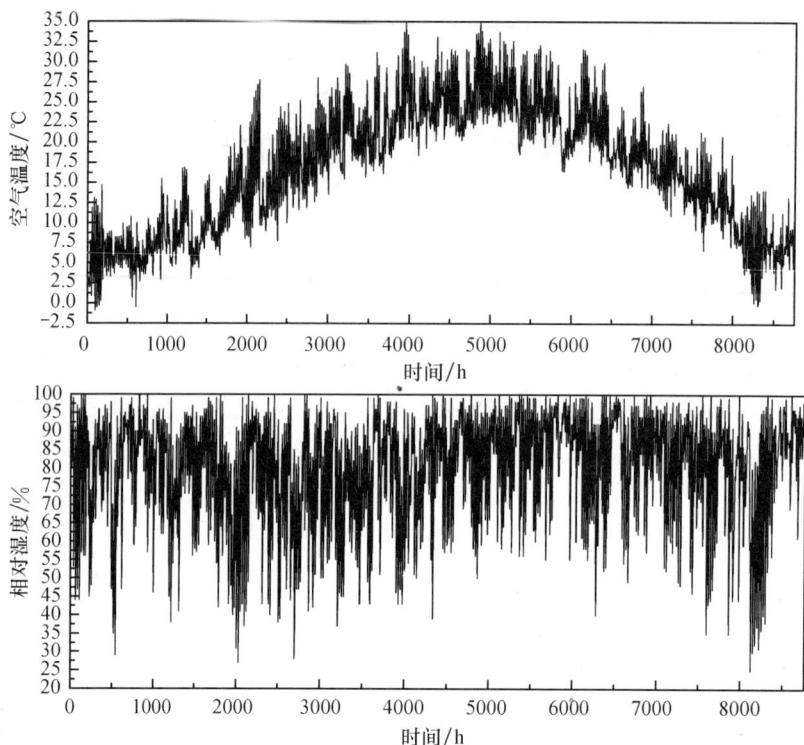

图 5-2 全年气象参数

5.2.1 岩层热物性对引风特性的影响

在上述计算条件下,对洞体岩层分别为致密花岗岩和粗粒花岗岩的无压尾水洞引风系统进行了连续 3 年的模拟计算,模拟计算结果分别如图 5-3~图 5-10所示。

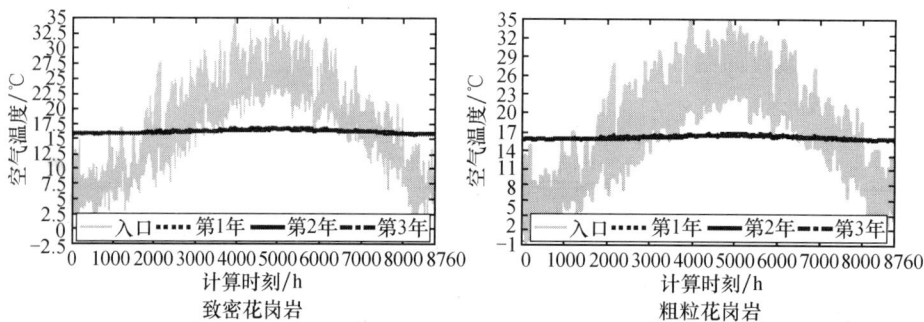

图 5-3 无压尾水洞引风出口空气温度

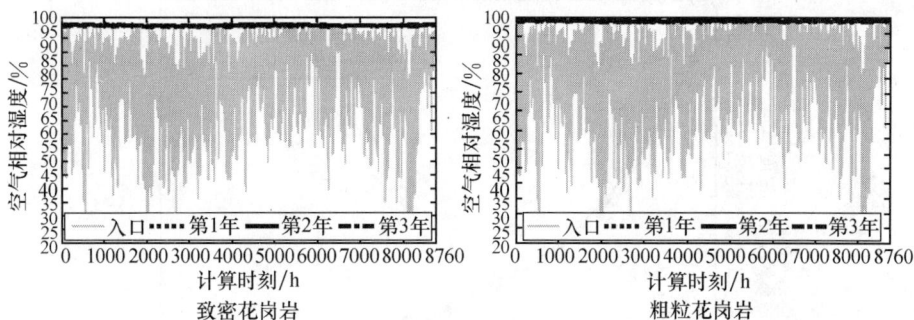

致密花岗岩　　　　　　　　　粗粒花岗岩

图 5-4　尾水洞引风出口空气相对湿度

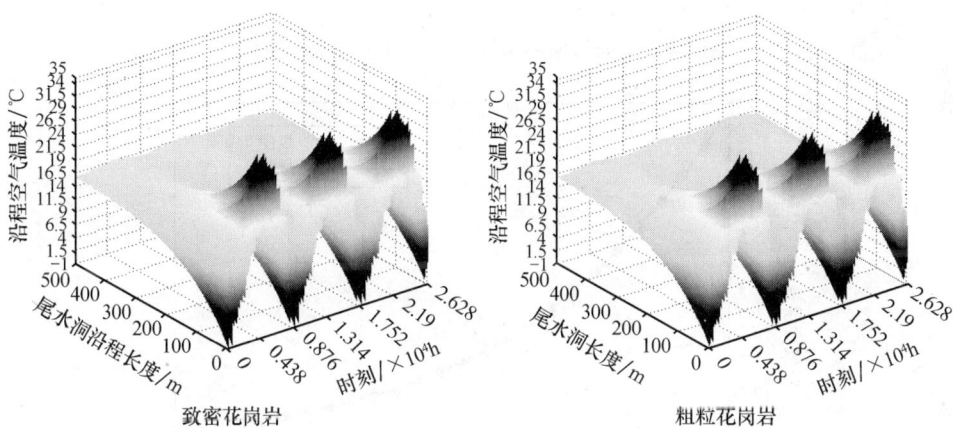

致密花岗岩　　　　　　　　　粗粒花岗岩

图 5-5　不同岩层下尾水洞内沿程空气温度变化

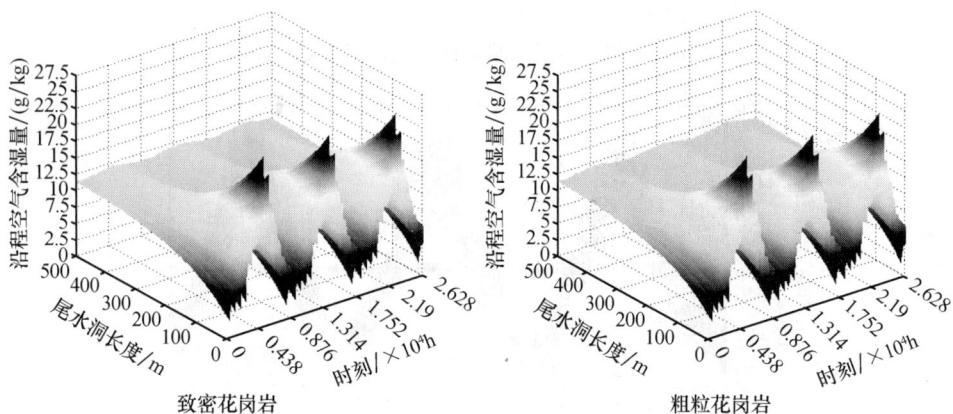

致密花岗岩　　　　　　　　　粗粒花岗岩

图 5-6　不同岩层下尾水洞内沿程空气含湿量变化

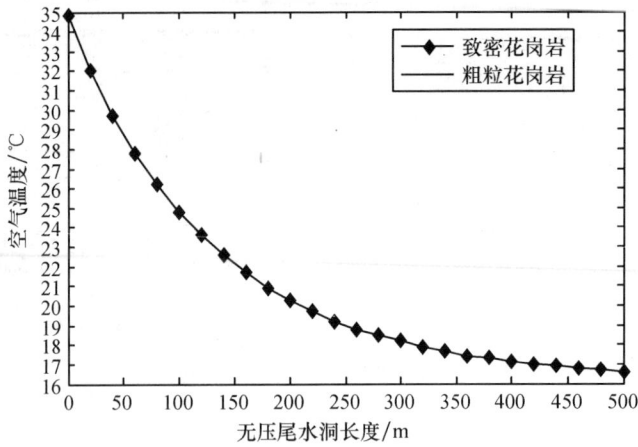

图 5-7　不同岩层尾水洞沿程空气温度变化曲线

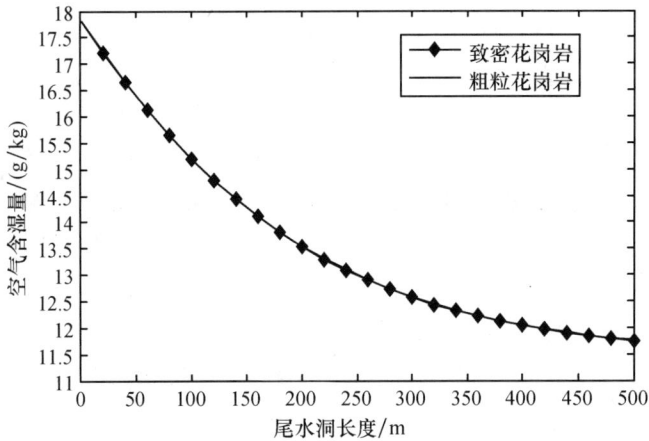

图 5-8　不同岩层尾水洞沿程空气含湿量变化曲线

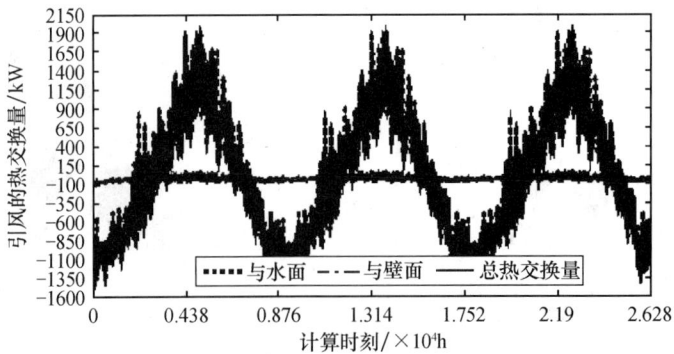

图 5-9　逐时引风热交换量变化曲线

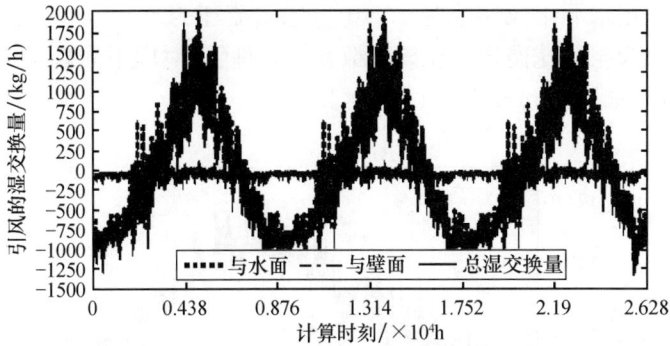

图 5-10　逐时引风湿交换量变化曲线

图 5-3 和图 5-4 分别为对应洞体岩层为致密花岗岩和粗粒花岗岩时,无压尾水洞引风系统连续 3 年运行的全年引风出口空气温度和相对湿度分布曲线。由图可见,无压尾水洞引风出口空气参数与洞体岩层的物性无关,在不同的洞体岩层下,无压尾水洞引风系统具有相同的出口空气参数,在模拟条件下均为接近对应尾水温度的饱和状态;并且在连续多年的运行中,各年对应时刻的空气参数均保持相等。

图 5-5 和图 5-6 分别为在 3 年连续运行中对应不同岩层条件下,无压尾水洞沿程空气温度与含湿量的变化曲线。由图可见,在对应不同的岩层下,无压尾水洞内空气的沿程温度和含湿量具有相同的变化规律,并且在连续运行的各年中,无压尾水洞内沿程空气参数保持周期性变化。由此表明,在无压尾水洞引风系统中,引风的热湿交换特性受无压尾水洞洞体岩层参数的影响较小,且洞体岩层的长期热累积效应对尾水洞引风特性的影响很小,其引风参数的变化周期为 1 年。

图 5-7 和图 5-8 分别为最高入口空气温度(34.8℃)时刻,无压尾水洞沿程空气温度和含湿量的分布曲线。由图可见,在无压尾水洞引风过程中,洞内空气参数沿空气流动方向近似以指数规律逐渐趋于对应尾水温度的饱和状态;并且在对应不同的洞体岩层下,对应时刻沿程空气的温度和含湿量几近相等,由此进一步表明,洞体岩层物性对无压尾水洞引风的热湿交换特性影响很小。

图 5-9 和图 5-10 分别为空气在无压尾水洞沿程流动过程中,与尾水表面及洞壁面之间的逐时热湿交换量变化曲线。由图可见,在无压尾水洞引风的热湿交换过程中,空气与尾水表面之间热湿交换占主导作用,其热湿交换量占总热湿交换量的 80%～90%;而空气与洞壁面之间的热湿交换量很小,且在连续运行的各年中,空气与洞壁面之间的热湿交换量保持相对稳定,变化平稳。

5.2.2　岩层初始温度对引风特性的影响

为研究洞体岩层初始温度对无压尾水洞引风过程热湿交换特性的影响,在本节中对岩层温度分别为 16℃、18℃和 20℃三种工况进行了模拟计算与分析。在模拟计算中,无压尾水洞引风风速为 1.0m/s,尾水流速为 3.5m/s,全年尾水温度为 16℃,洞体岩层为粗粒花岗岩。在该模拟计算条件下,对应不同岩层初始温度的模拟计算结果分别如图 5-11~图 5-14 所示。

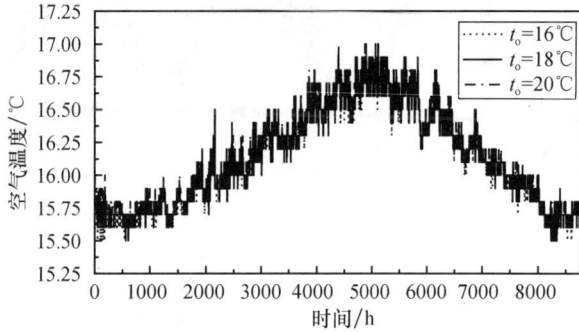

图 5-11　不同岩层温度下引风出口空气温度

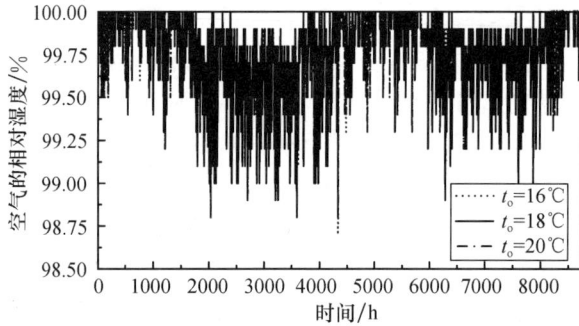

图 5-12　不同初始温度下引风出口空气相对湿度

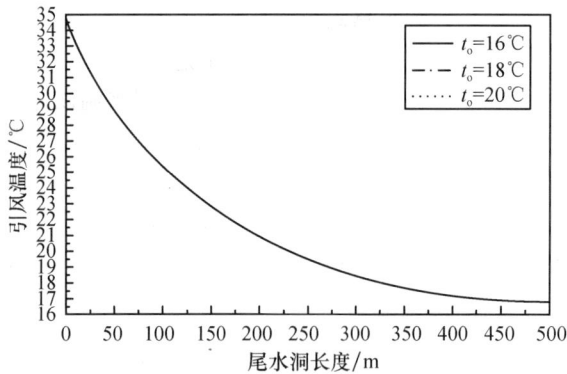

图 5-13　不同初始温度下沿程空气温度分布

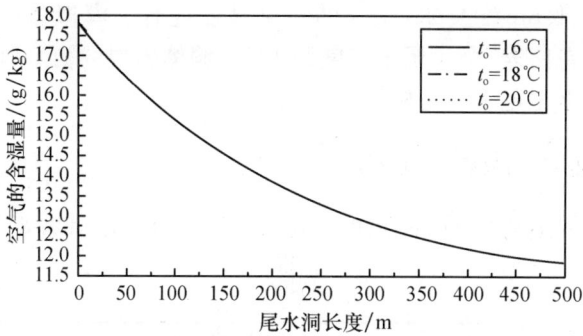

图 5-14　不同初始温度下沿程空气含湿量分布

图 5-11、图 5-12 分别为在不同岩层初始温度条件下无压尾水洞引风出口逐时空气温度和相对湿度变化曲线。由图可见,在不同岩层初始温度条件下,对应时刻无压尾水洞引风出口空气温度和相对湿度均保持相等。由此表明,在无压尾水洞引风过程中,无压尾水洞洞体岩层的初始温度对引风热湿交换特性的影响很小。

图 5-13 和图 5-14 分别为某时刻对应不同岩层初始温度条件下,无压尾水洞内空气温度与含湿量的沿程变化曲线。由图可见,在不同岩层初始温度条件下,无压尾水洞对应位置空气的温度和含湿量均保持相等,由此进一步表明,在无压尾水洞引风过程中,洞体岩层的初始温度对无压尾水洞的引风特性影响很小,可以忽略不计。

通过以上计算分析表明,在无压尾水洞引风系统中,洞体岩层的物性参数及初始温度对引风热湿交换特性的影响很小,且无压尾水洞引风系统的引风参数变化周期为 1 年。在空气与尾水表面及洞壁面之间的热湿交换过程中,空气与尾水表面之间的热湿交换占主导作用,其热湿交换量占总热湿交换量的 80%～90%。

5.3　引风风速对引风特性的影响

无压尾水洞引风风速是影响无压尾水洞引风热湿交换特性的一个主要因素之一。在尾水洞空气流通断面尺寸一定情况下,引风风速的大小一方面决定了无压尾水洞的引风量;另一方面,直接影响空气与尾水表面及洞壁面之间的热湿交换作用的强弱。因此,无压尾水洞引风风速是无压尾水洞引风系统的一个重要设计参数。

为分析引风风速对无压尾水洞引风热湿交换特性的影响,对引风风速分别为

0.5m/s、1.0m/s、1.5m/s 及 2.0m/s 的引风过程进行了模拟计算。计算条件为：洞体岩层为粗粒花岗岩、全年尾水温度为 16℃、洞体岩层的初始温度为 18℃、尾水流速为 4.0m/s,无压尾水洞结构如图 5-1。

5.3.1　引风风速对引风参数的影响

在不同引风风速条件下,无压尾水洞引风参数的计算结果如图 5-15～图 5-18 所示。

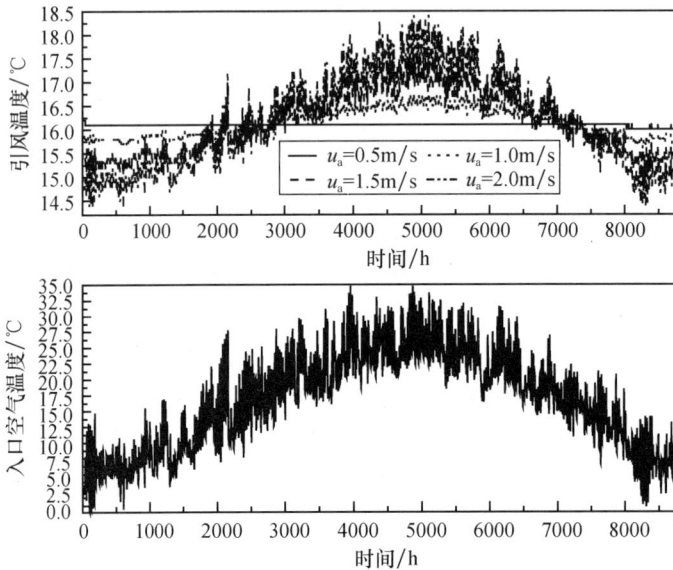

图 5-15　不同引风风速下引风出口空气温度变化曲线

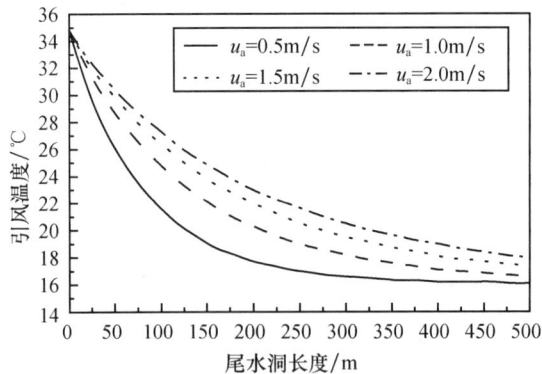

图 5-16　不同风速下沿程空气温度变化

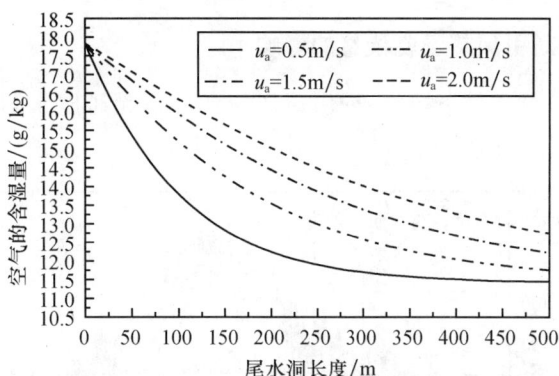

图 5-17　不同风速下沿程空气含湿量变化

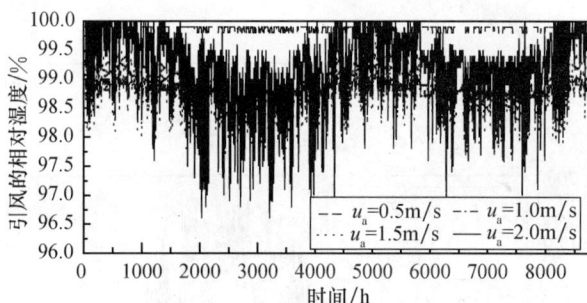

图 5-18　不同风速下逐时引风相对湿度变化曲线

图 5-15 为在不同引风风速条件下,无压尾水洞引风出口逐时空气温度的变化曲线。由图可见,在尾水洞长为 500m 条件下,当引风风速为 0.5m/s 时,无压尾水洞引风出口空气的温度基本接近尾水温度;但随着引风风速的提高,无压尾水洞引风出口的空气温度偏离尾水温度逐渐增大。因此,为达到对引风的饱和处理,引风风速越高则要求的无压尾水洞长度越大。

图 5-16 和图 5-17 分别为某时刻对应不同引风风速条件下,无压尾水洞内空气温度和含湿量的沿程变化曲线。由图可见,在无压尾水洞内空气的沿程流动过程中,空气参数沿流动方向近似以指数规律逐渐接近对应尾水温度的饱和状态,并且随引风风速的提高,空气参数沿尾水洞长度方向的衰减能力逐渐减弱。如在引风风速为 0.5m/s、空气流动至尾水洞的 250~300m 位置时,空气的参数已接近对应尾水温度的饱和状态;而当引风风速为 1.0m/s 时,为使空气处理到接近尾水温度的饱和状态,则要求无压尾水洞的长度大于 500m。

图 5-18 为不同引风风速下无压尾水洞引风出口空气的逐时相对湿度变化曲线。由图可见,在不同的引风风速条件下,无压尾水洞引风出口空气的相对湿度均达到96%以上,在对应不同引风风速条件下无压尾水洞引风出口空气的相对湿度相差较小。

5.3.2　引风风速对引风热湿交换量的影响

在上述相同计算条件下,对不同引风风速条件下无压尾水洞引风过程的逐时热湿交换量进行了计算,结果如图 5-19、图 5-20 所示。

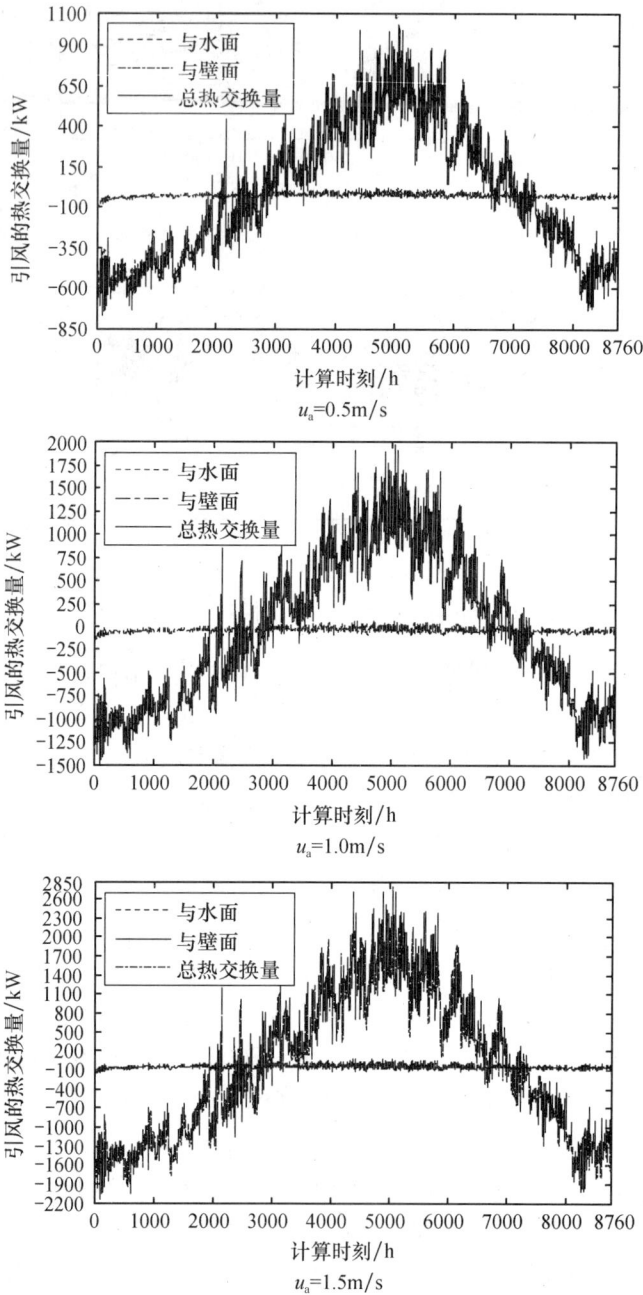

u_a=0.5m/s

u_a=1.0m/s

u_a=1.5m/s

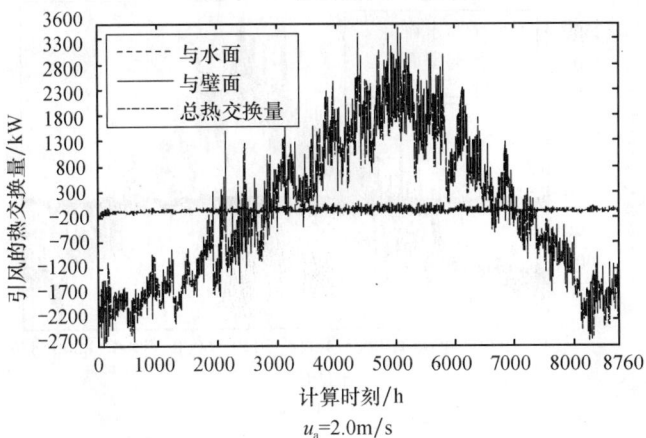

图 5-19　不同风速下逐时空气热交换量变化曲线

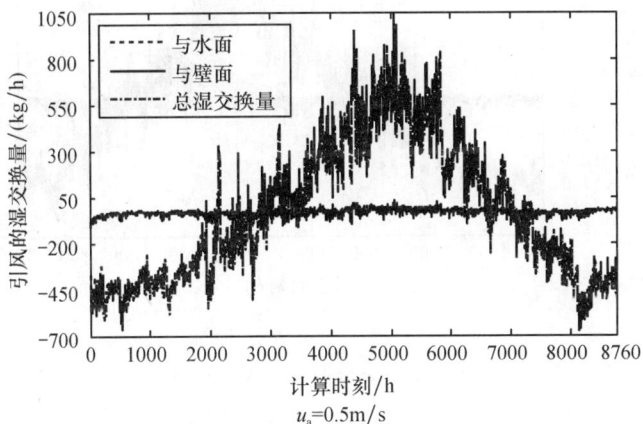

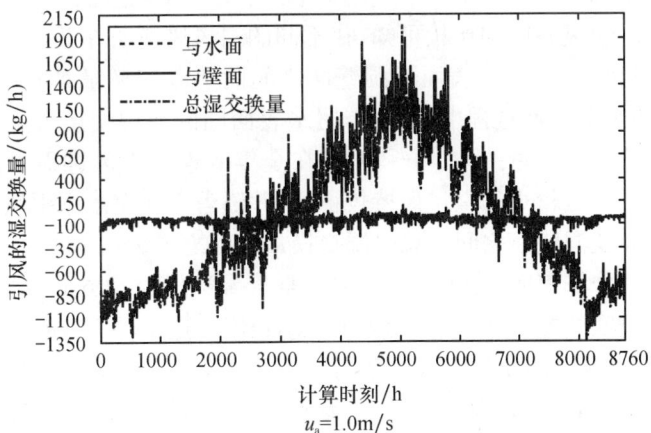

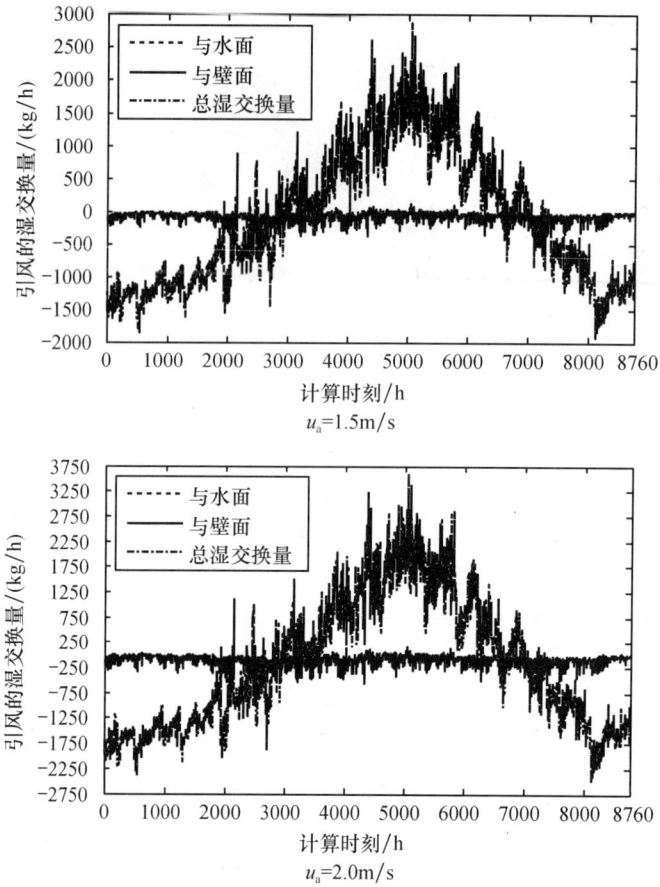

图 5-20　不同风速下逐时空气湿交换量变化曲线

　　图 5-19 和图 5-20 分别为不同引风风速条件下无压尾水洞引风过程的热湿交换量变化曲线。通过各图的比较可知,在不同的引风风速条件下,空气在无压尾水洞的沿程流动过程中与尾水表面及洞壁面之间的热湿交换量具有相同的变化规律,即在引风的热湿交换过程中,空气与尾水表面间的热湿交换占主导作用,其热湿交换量占总热湿交换量的 $80\% \sim 90\%$;在全年的连续引风过程中,空气与洞壁面之间的热湿交换量较小且全年保持较稳定,并随着无压尾水洞引风风速的提高,空气与尾水表面及洞壁面之间的总热湿交换量也随之增大。

　　由以上计算分析表明,无压尾水洞内的空气参数沿流动方向以指数规律逐渐接近对应尾水温度的饱和状态;在无压尾水洞长度一定条件下,随着引风风速的逐渐提高,无压尾水洞引风出口空气参数与对应尾水温度饱和状态的偏离程度也逐渐增大;在不同引风风速条件下,空气在无压尾水洞沿程流动过程中的热湿交换特性具有相同的变化规律,在无压尾水洞引风的热湿交换过程中,空气与尾水表面之间的热湿交换占主导作用,其热湿交换量占总热湿交换量的 80%~90%。

5.4　尾水流速对引风特性的影响

无压尾水洞的引风过程是空气与逆向流动的尾水表面及洞壁面之间进行热湿交换的空气处理过程。在无压尾水洞中,尾水流速与引风风速共同决定了空气与尾水表面之间的相对速度大小。因此,在引风风速一定的情况下,尾水流速在很大程度上影响空气与尾水表面之间热湿交换作用的强弱,从而影响无压尾水洞引风系统的热湿交换特性。

为分析无压尾水洞内尾水流速对引风过程的影响,本节对尾水流速分别为 0m/s、2.0m/s 和 4.0m/s 三种工况进行了计算。模拟计算条件为:引风风速 1.0m/s、全年尾水温度 16.0℃、岩层为粗粒花岗岩、初始温度 18℃。

5.4.1　尾水流速对引风参数的影响

在上述计算条件下,对不同尾水流速下无压尾水洞的引风参数进行了计算,结果如图 5-21~图 5-28 所示。

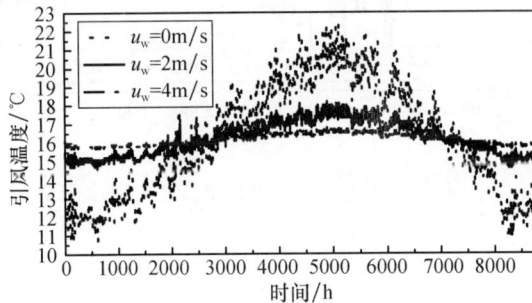

图 5-21　不同尾水流速下引风出口空气温度变化曲线

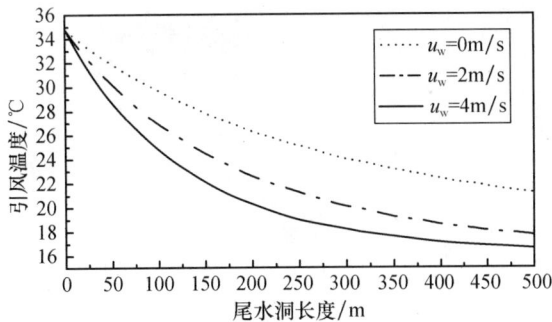

图 5-22　沿程空气温度与水流速的关系

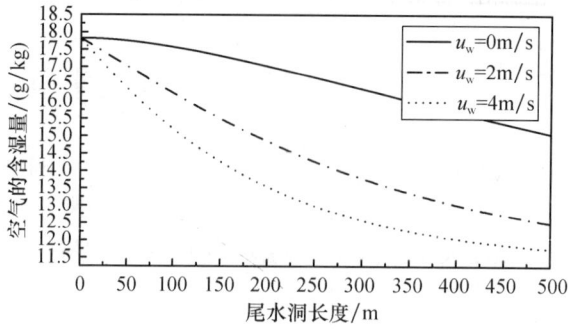

图 5-23　沿程空气含湿量与水流速的关系

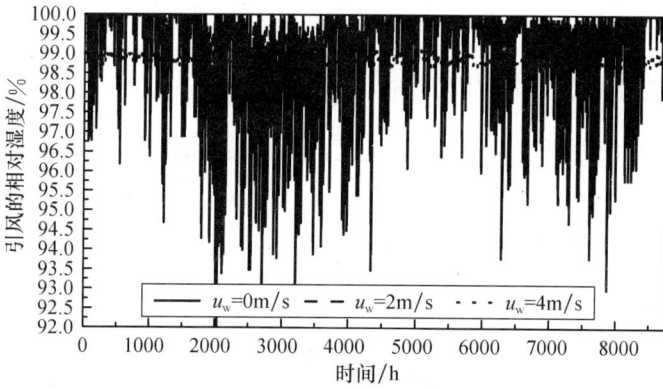

图 5-24　不同水流速下引风出口空气相对湿度变化曲线

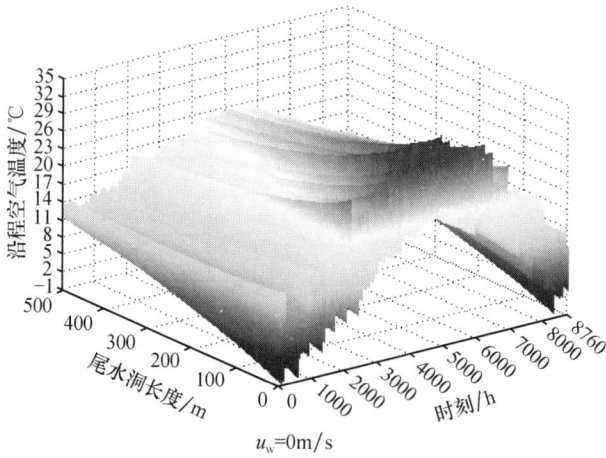

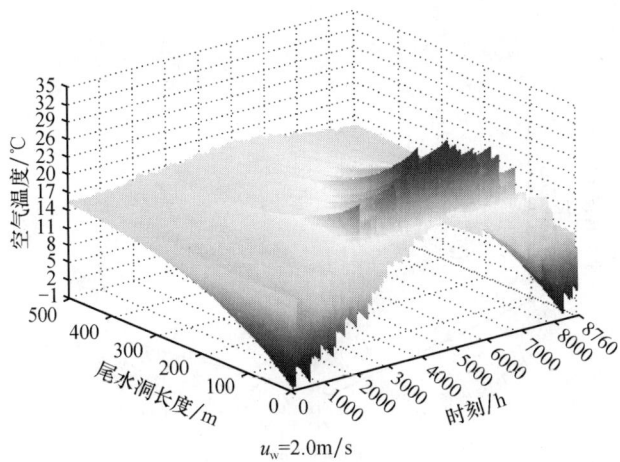

$u_{\text{w}} = 2.0\text{m/s}$

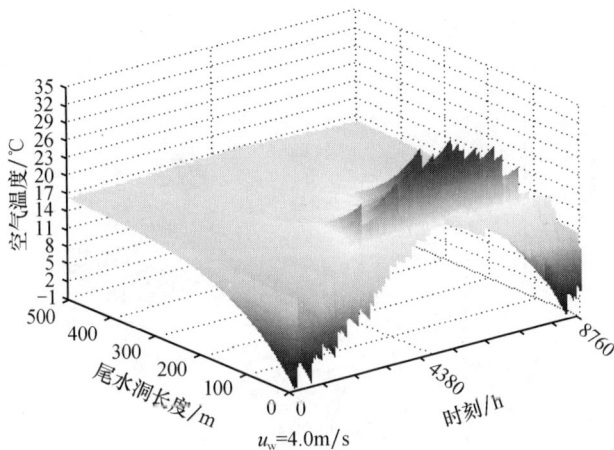

$u_{\text{w}} = 4.0\text{m/s}$

图 5-25　不同尾水流速下沿程空气温度分布

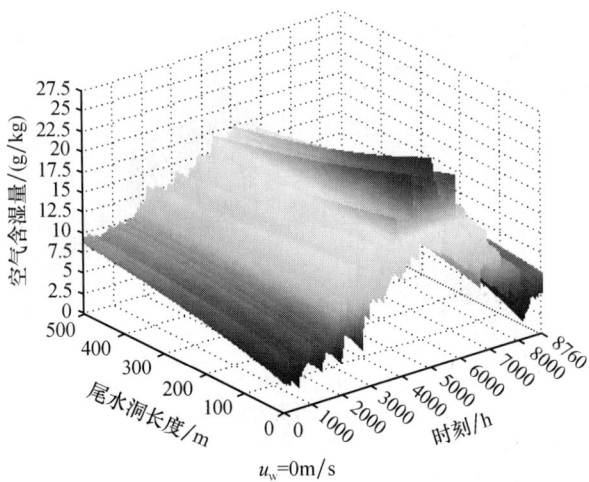

$u_{\text{w}} = 0\text{m/s}$

u_w=2.0m/s

u_w=4.0m/s

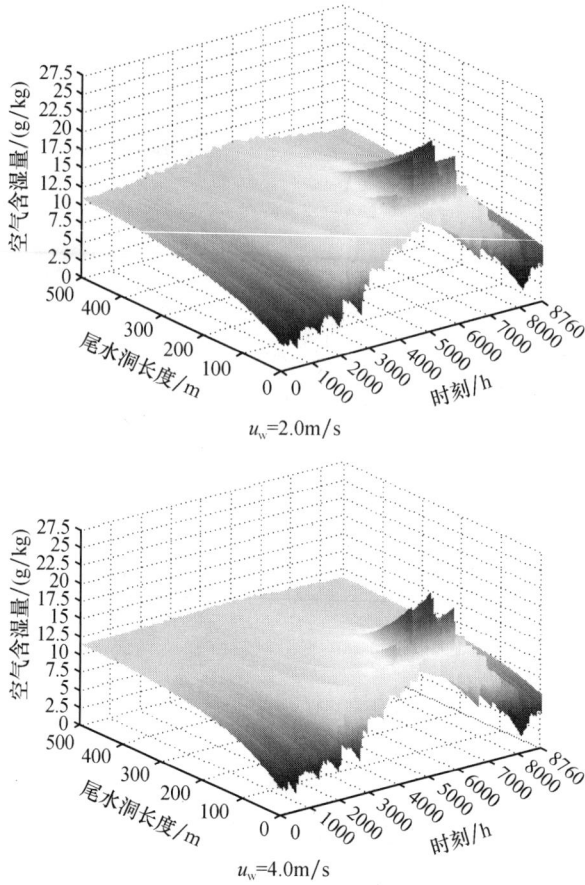

图 5-26　不同尾水流速下沿程空气含湿量分布

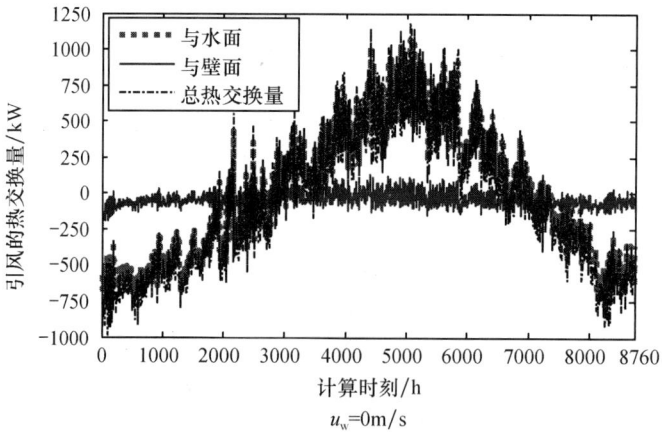

u_w=0m/s

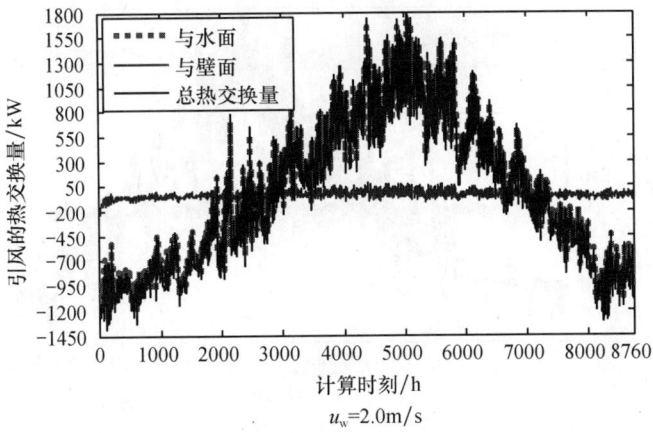

u_w=2.0m/s

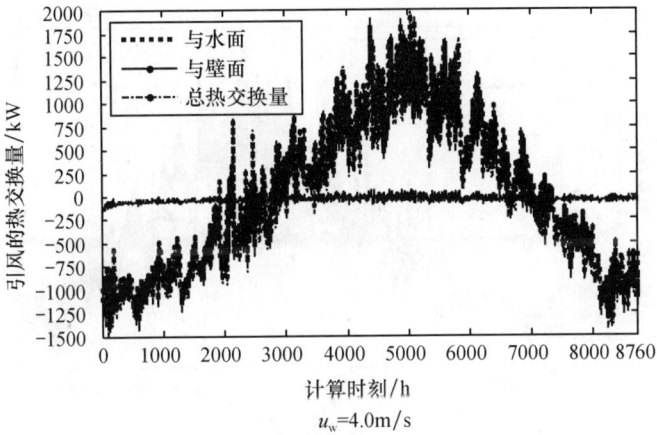

u_w=4.0m/s

图 5-27　不同尾水流速下逐时空气的热交换量曲线

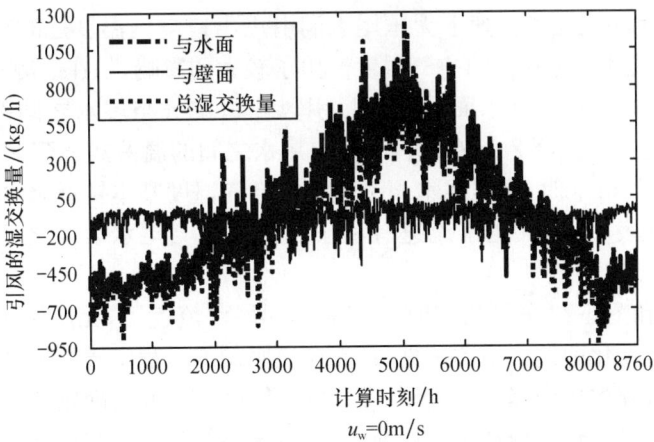

u_w=0m/s

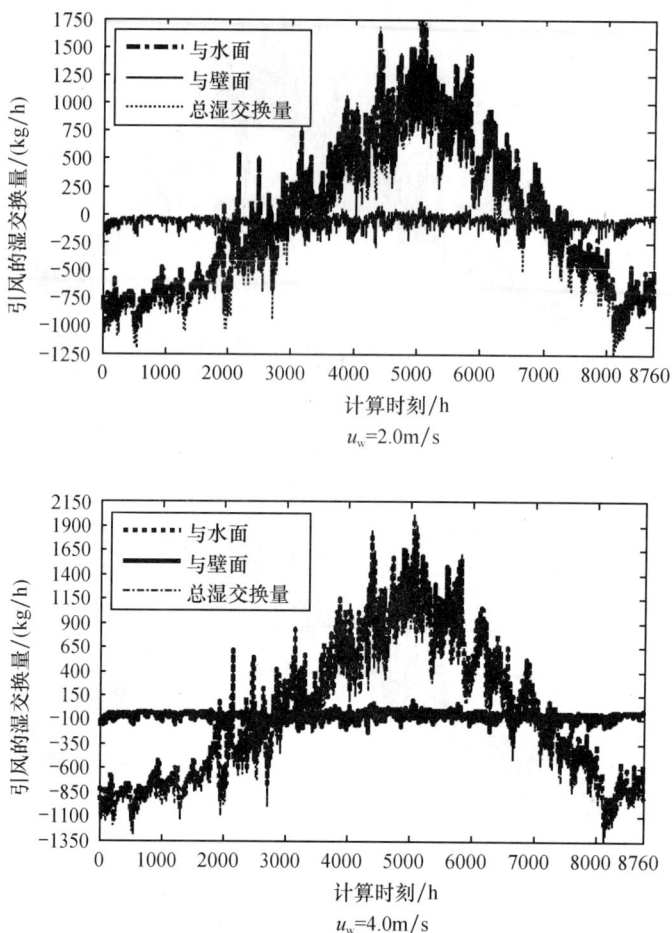

图 5-28　不同尾水流速下逐时空气的湿交换量曲线

　　图 5-21 为不同尾水流速下无压尾水洞引风出口空气温度逐时变化曲线。由图可见,尾水流速对引风出口空气温度产生了较大的影响,如在最冷月份和最热月份,当尾水流速为 0m/s(水面静止)时,引风出口空气与尾水之间的温差为 4~5℃;当尾水流速增大至 2.0m/s 时,引风与尾水之间的温差减小至 1~2℃;而当水流速增大到 4.0m/s 时,无压尾水洞引风出口空气温度基本接近尾水温度,二者差值很小。由此表明,增大尾水流速有利于提高空气与尾水表面之间的热湿交换作用。

　　图 5-22 和图 5-23 分别为某时刻对应不同尾水流速下,无压尾水洞沿程空气温度与含湿量变化曲线。由图可见,在无压尾水洞的沿程空气处理过程中,空气参数近似以指数规律逐渐趋于对应尾水温度的饱和状态;并且随尾水流速的增大,无压尾水洞对空气的热湿处理能力逐渐增强,空气参数趋于饱和状态的速率也越快。

图 5-24 为在不同尾水流速下无压尾水洞引风出口空气相对湿度变化曲线。由图表明,随着尾水流速的增大,无压尾水洞引风出口空气的相对湿度变化逐渐平缓,基本维持在 99％左右;只有在尾水流速为 0m/s(水面静止时)时,无压尾水洞引风出口空气的相对湿度变化较大,变化幅度约为 7％左右。

图 5-25 和图 5-26 分别为在对应不同尾水流速下,无压尾水洞内沿程空气温度和含湿量的变化曲线。由图可见,随着尾水流速的增大,在对应各时刻无压尾水洞引风出口的空气参数愈趋于平稳,且对空气具有显著热湿处理的无压尾水洞入口段长度也逐渐减小。

5.4.2　尾水流速对引风热湿交换量的影响

在上述计算条件下,对不同尾水流速下的无压尾水洞引风过程的热湿交换量进行了计算,计算结果如图 5-27、图 5-28 所示。

图 5-27 和图 5-28 分别为在不同尾水流速下,无压尾水洞引风过程的逐时热湿交换量变化曲线。由图可见,在不同尾水流速下,空气在无压尾水洞沿程流动过程中的热湿交换量具有相同的变化规律。随着尾水流速的增大,空气的总热湿交换量也逐渐增大,如当尾水流速由 0m/s 增大至 2.0m/s 和 4.0m/s 时,空气的最大热、湿交换量则由 0m/s 时的 1250kW、1300kg/h 分别增大至 1800kW、1750kg/h 和 2000kW、2000kg/h;相对尾水流速 0m/s 时的热湿交换量而言,全热交换量分别增大了 44％和 60％,湿交换量分别增大了 34.6％和 53.8％。而在总热交换量中,空气与洞壁面之间的热湿交换量随尾水流速的变化很小。

由上述计算结果表明,增大尾水流速有利于强化空气与尾水表面之间热湿交换作用。在尾水洞长度一定的条件下,随着尾水流速的增大,无压尾水洞引风出口的空气参数愈接近对应尾水温度的饱和状态。

5.5　尾水温度对引风特性的影响

由前述计算分析表明,在无压尾水洞引风的热湿交换过程中,尾水洞内沿程空气参数的变化规律为逐渐接近对应尾水温度的饱和状态,也即无压尾水洞对空气处理的最终状态为对应尾水温度的饱和状态。而在无压尾水洞引风的热湿交换过程中,空气与尾水表面间的热湿交换占主导作用。因此,尾水温度的高低直接决定了无压尾水洞引风的热湿交换特性。

为分析在不同尾水温度下无压尾水洞引风过程的热湿交换特性,本节对尾水温度分别为 14℃、16℃和 18℃三种工况下的引风过程进行全年模拟计算。模拟计算条件为:无压尾水洞内全年引风风速为 1.0m/s、尾水流速 3.5m/s、洞体岩层为粗粒花岗岩、岩层的初始温度为 18℃。

5.5.1 尾水温度对引风参数的影响

在上述计算条件下,对应不同尾水温度下的引风参数计算结果如图 5-29~图 5-34 所示。

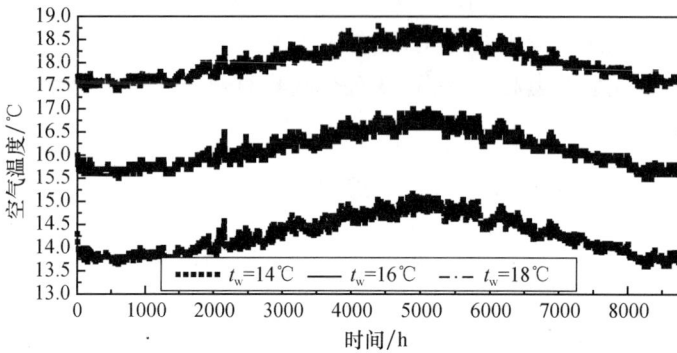

图 5-29 不同尾水温度下引风出口逐时空气温度变化曲线

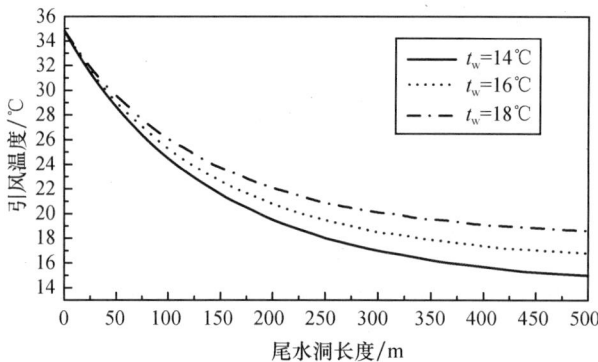

图 5-30 沿程空气温度与尾水温度的关系

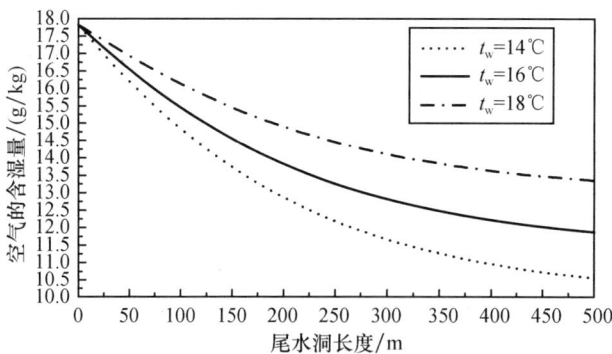

图 5-31 沿程空气含湿量与尾水温度的关系

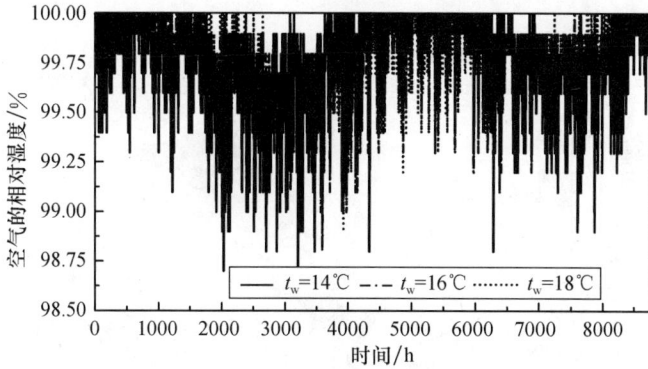

图 5-32　不同尾水温度下引风出口空气逐时相对湿度变化曲线

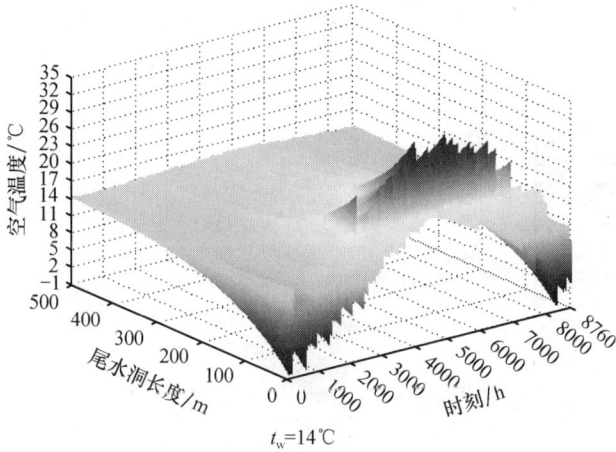

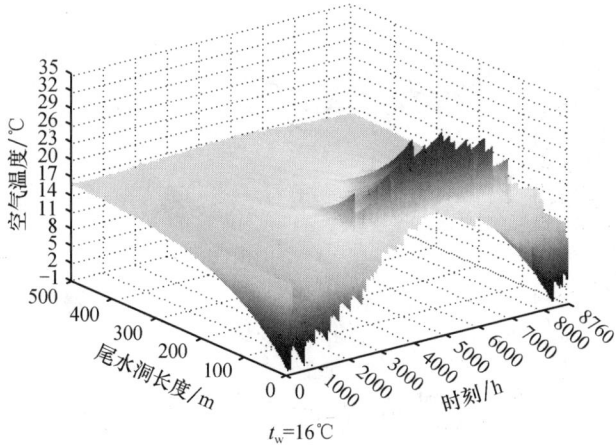

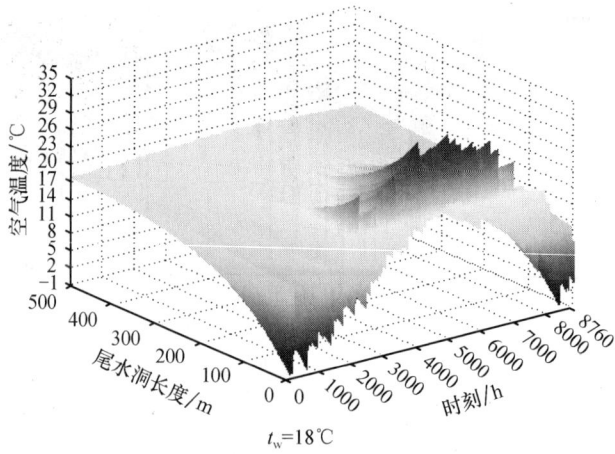

图 5-33　不同尾水温度下沿程空气温度变化曲线

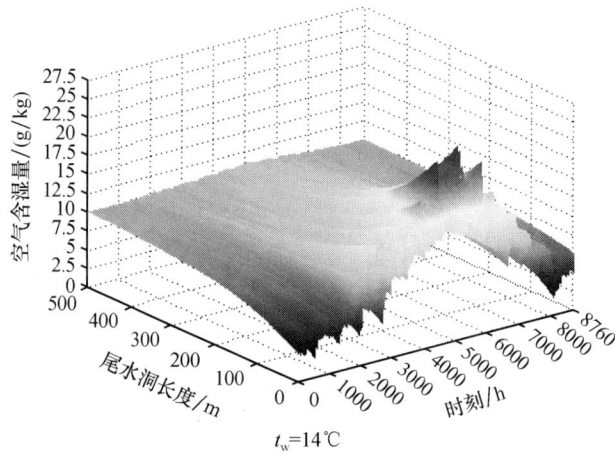

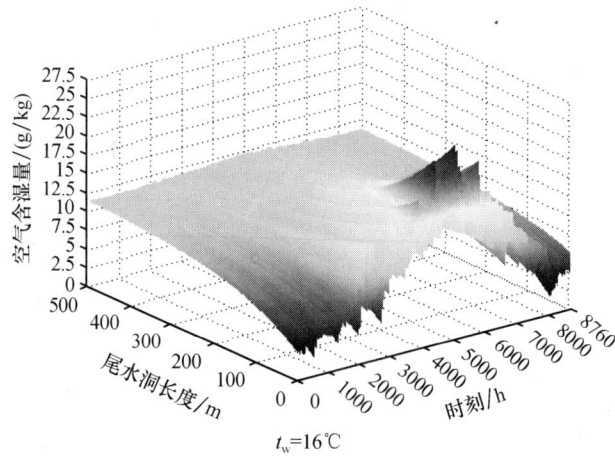

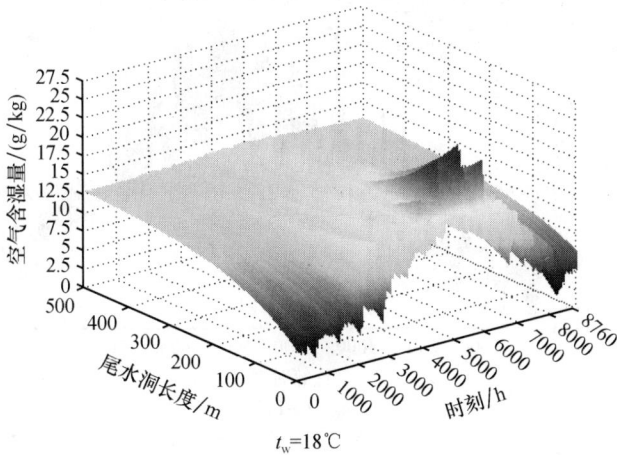

图 5-34　不同尾水温度下沿程空气含湿量变化曲线

图 5-29 为不同尾水温度条件下,无压尾水洞引风出口空气温度的逐时变化曲线。由图可见,在无压尾水洞的引风出口,空气参数显著地受尾水温度的影响,尾水温度越高,对应的引风出口空气温度也越高。

图 5-30 和图 5-31 分别为某时刻无压尾水洞内沿程空气温度和含湿量变化曲线。由图可知,在无压尾水洞引风的热湿交换过程中,尾水温度越低,无压尾水洞对空气的降温除湿效果越显著;并且尾水温度的变化对尾水洞内空气含湿量的影响较空气温度的影响大。

图 5-32 为不同尾水温度下,无压尾水洞引风出口空气逐时相对湿度变化曲线。由图分析可知,在对应不同尾水温度下,无压尾水洞引风出口空气的相对湿度均达到 98% 以上,尾水温度对无压尾水洞引风出口空气相对湿度的影响较小。

图 5-33 和图 5-34 分别为在不同尾水温度下,无压尾水洞内沿程空气温度和含湿量的变化曲线。由图进一步表明,在无压尾水洞引风的热湿交换过程中,尾水温度是影响无压尾水洞引风热湿交换特性的一个决定性因素之一,在无压尾水洞长度足够的条件下,无压尾水洞引风出口空气的参数为接近对应尾水温度的饱和状态。

5.5.2　尾水温度对引风热湿交换量的影响

在上述计算条件下,对不同尾水温度下无压尾水洞引风过程的热湿交换量进行了计算,计算结果如图 5-35、图 5-36 所示。

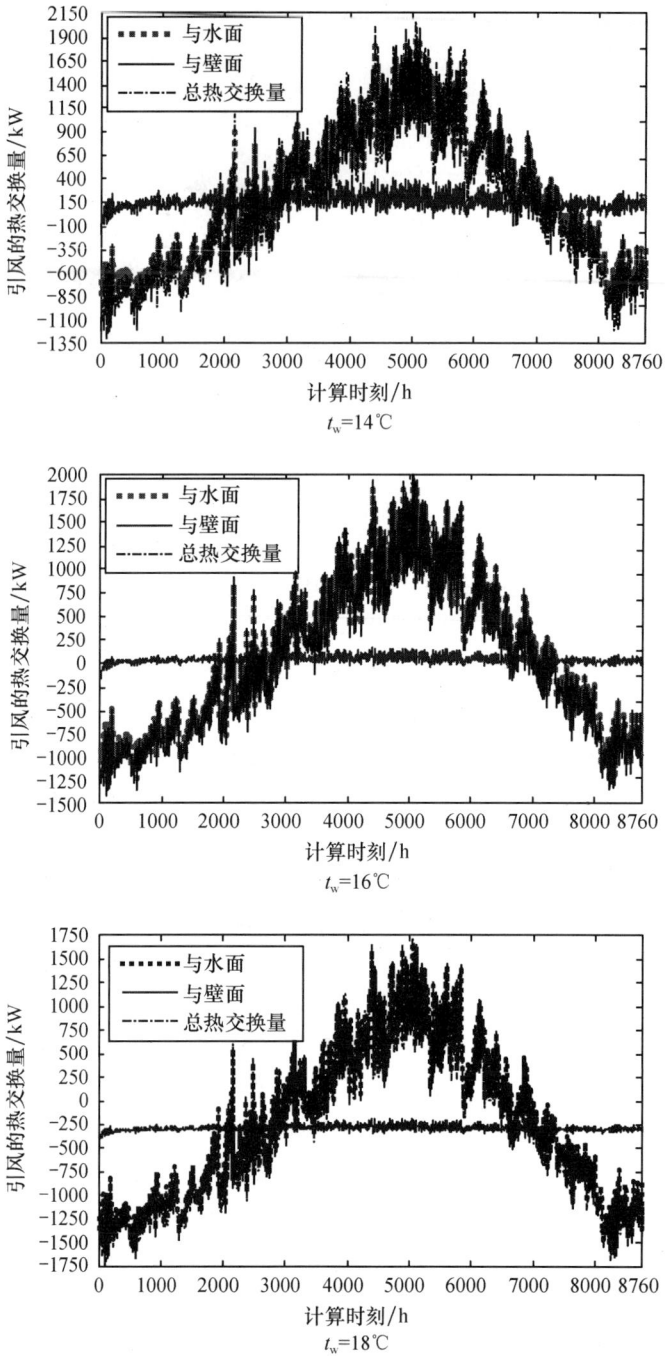

图 5-35　不同尾水温度下空气逐时热交换量变化曲线

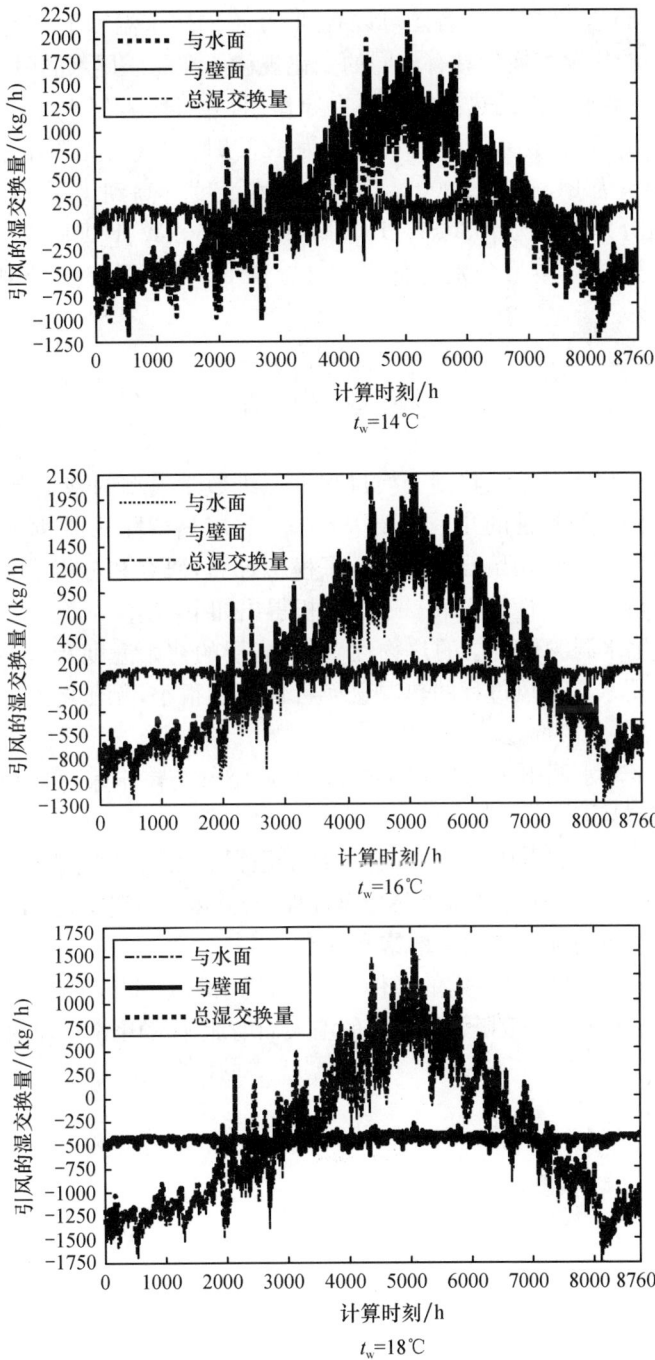

图 5-36　不同尾水温度下空气逐时湿交换量变化曲线

比较图 5-35 及图 5-36 中各图可以看到,在不同尾水温度下,空气在无压尾水洞流动过程中的热湿交换量具有相同的变化规律。在无压尾水洞引风的热湿交换过程中,空气与尾水表面的热湿交换占主导作用,并且随着尾水温度的升高,空气的总热湿交换量逐渐减小,如在尾水温度为 14℃时,空气与无压尾水洞之间的最大总热湿交换量为 2150kW、2000kg/h。当尾水温度升高到 16℃和 18℃时,其最大热湿交换量分别减小为 1950kW、1900kg/h 和 1750kW、1700kg/h。相对尾水温度 14℃而言,全热交换量分别降低了 9.3％和 18.6％;湿交换量则分别降低了 5.0％和 15.0％。

本 章 小 结

本章在无压尾水洞引风热湿交换过程准三维数学模型的基础上,对影响无压尾水洞引风热湿交换特性的几个主要因素——岩层热特性、引风风速、尾水流速、尾水温度及洞体岩层的初始温度等进行了模拟计算,研究和分析了各因素对无压尾水洞引风热湿交换特性的影响。通过分析得出如下结论:

(1)无压尾水洞洞体岩层的热物性参数、岩层的初始温度及岩层的长期热累积效应对无压尾水洞引风过程的热湿交换特性影响很小,无压尾水洞引风参数的变化周期为 1 年。

(2)在无压尾水洞引风的热湿交换过程中,空气与尾水表面之间的热湿交换占主导作用,其热湿交换量占总热湿交换量的 80％~90％。

(3)在无压尾水洞引风系统中,尾水温度是影响无压尾水洞引风特性的一个显著因素;在无压尾水洞引风的热湿交换过程中,洞内空气参数沿流动方向近似以指数规律逐渐接近对应尾水温度的饱和状态。

(4)在无压尾水洞长度一定的条件下,无压尾水洞引风出口空气参数与尾水温度对应饱和状态的偏离程度随引风风速的增大而增加,而随尾水流速的增大而减小。

第6章 长无压尾水洞引风热湿
交换过程的简化模型

6.1 概　　述

无压尾水洞引风过程是空气与逆向流动的尾水表面及洞壁面之间进行热湿交换的复杂传热传湿过程,第4章已对这一复杂热湿交换过程进行了理论建模与求解,并在第5章中对无压尾水洞引风过程的热湿交换特性进行模拟计算与分析。但在实际工程应用中,理论模型的求解过程较为复杂,且需占用大量的计算机时,不便于实际工程的应用。因此,本章将在理论模型及无压尾水洞引风热湿特性分析的基础上,对理论模型进行简化并提出长无压尾水洞引风热湿交换过程的简化模型及其分析解,以便于实际工程的应用。

6.2 长无压尾水洞引风热湿交换过程的简化分析

由第5章无压尾水洞引风热湿交换特性的研究分析结果表明,在无压尾水洞引风热湿交换过程中,空气与尾水表面之间的热湿交换作用占主导地位,而空气与洞壁面之间的热湿交换作用相对很小。在总热湿交换量中,空气与尾水表面间的热湿交换量约占总热湿交换量的 $80\% \sim 90\%$,并且在多年连续运行过程中,空气与洞壁面之间的热湿交换量全年保持相对稳定。因此,为简化模型的求解,可以从影响无压尾水洞引风热湿交换特性的次要因素入手进行近似简化,即简化尾水洞壁面状况对引风热湿交换过程的影响。

由于无压尾水洞通常深埋于山体内,洞体岩层温度全年相对稳定,且尾水洞壁面大部分浸没于尾水面下。在无压尾水洞引风过程中,洞内空气参数随流动方向逐渐接近对应尾水温度的饱和状态,洞壁面温度也逐渐趋于尾水温度,且此时空气与洞壁面之间的热湿交换量较小。因此,在无压尾水洞引风热湿交换过程的简化模型中,将随空间和时间变化的无压尾水洞壁面温度简化为等温条件,并且已知壁面温度。通过将无压尾水洞壁面简化为等温边界后,因尾水为等温流动,故无压尾水洞的引风过程即可视为稳态过程,这样模型的求解得到极大简化。

6.3　长无压尾水洞引风热湿交换过程的简化模型

6.3.1　模型的简化假设

在无压尾水洞引风热湿交换过程的简化分析基础上,为便于无压尾水洞引风技术的工程应用,在建立长无压尾水洞引风热湿交换过程的简化模型时,提出如下近似简化:

(1) 在无压尾水洞引风系统中,尾水洞出口空气的平均参数是该技术应用的关键控制参数,因此简化模型时将无压尾水洞各断面空气按集总参数处理,认为在各断面空气参数均匀一致;

(2) 水的热容量相对空气大很多,空气的传热对水温影响很小,故认为洞内尾水为等温流动(由第 3 章现场测试得到验证),且水温为已知参数;

(3) 将无压尾水洞壁面处理为等温边界,且壁面温度已知。

6.3.2　长无压尾水洞引风过程的简化模型

在上述简化条件下,可将空气在无压尾水洞沿程流动中的热湿交换过程按稳态过程进行处理。在图 4-2 中取 dx 长度尾水洞作为研究对象,建立空气在无压尾水洞流动过程中的热湿传递模型:

(1) 空气与洞壁之间的显热交换量

$$dQ_{x,b} = \alpha_b (t_b - t_a) U dx \tag{6-1}$$

(2) 空气与洞壁之间的湿交换量

$$dW_b = \beta_b^p (P_{b,sat} - P_a) U dx \tag{6-2}$$

(3) 空气与尾水表面的显热交换量

$$dQ_{x,w} = \alpha_w (t_w - t_a) L dx \tag{6-3}$$

(4) 空气与尾水表面的湿交换量

$$dW_w = \beta_w^p (P_{w,sat} - P_a) L dx \tag{6-4}$$

在一般温度范围内,湿空气的水蒸气分压力相对空气压力较小,因此,可将空气的水蒸气分压力差 ΔP 与其含湿量差 Δd 的关系表示为

$$\Delta d \approx 0.622 \frac{\Delta P}{B} \tag{6-5}$$

$$\beta \Delta d = \beta^p \Delta P \tag{6-6}$$

因此,根据上式可将以水蒸气分压力差为驱动力的湿交换量分别表示为如下以含湿量差为驱动力的湿交换量形式:

$$dW_b = \beta_b (d_{b,sat} - d_a) U dx \tag{6-7}$$

$$dW_w = \beta_w (d_{w,sat} - d_a) L dx \tag{6-8}$$

由能量平衡方程可得到微元体内空气的热平衡方程为

$$\alpha_b (t_b - t_a) U + \alpha_w (t_w - t_a) L - m_a \frac{di_a}{dx} + r[\beta_b (d_{b,sat} - d_a) U + \beta_w (d_{w,sat} - d_a) L] = 0 \tag{6-9}$$

根据契尔顿-柯尔本热质交换律及刘易斯关系式：

$$\begin{cases} \alpha = \beta c_{pa} Le^{2/3} \\ Le \approx 1 \end{cases} \tag{6-10}$$

同时,湿空气的比热容用下式来代替：

$$c_{pa} = 1.01 + 1.84 d \tag{6-11}$$

则可将式(6-9)表示为空气的焓方程形式为

$$\beta_b (i_{b,sat} - i_a) U + \beta_w (i_{w,sat} - i_a) L - m_a \frac{di_a}{dx} = 0 \tag{6-12}$$

而在该微元体内空气的湿平衡方程为

$$\beta_b U (d_{b,sat} - d_a) + \beta_w L (d_{w,sat} - d_a) - m_a \frac{\partial d_a}{\partial z} = 0 \tag{6-13}$$

以上式中：U 为空气与洞壁接触的湿周,m;L 为尾水洞宽度,m;t 为温度,℃;d 为空气的含湿量,kg/kg;i 为空气的焓值,kJ/kg;P 为水蒸气分压力,Pa;B 为大气压力,$B = 101325$Pa;r 为水的汽化潜热,$r = 2501$kJ/kg;m_a 为空气的质量流量,kg/s;c_{pa} 为空气的比热容,kJ/(kg·℃);Le 为刘易斯数,对水-空气系统 $Le \approx 1$;α 为对流换热系数,W/(m²·℃);β、β^p 分别对应为以空气的含湿量差和水蒸气分压力差为驱动力的质传递系数,单位分别为 kg/(m²·s) 和 kg/(m²·s·Pa),对于大空间无压尾水洞,β 可按式(4-17)和式(4-18)进行计算。

对式(6-12)积分可得到空气在无压尾水洞沿程流动过程中的焓值分布为

$$i_a(x) = \frac{\beta_b U i_{b,sat} + \beta_w L i_{w,sat}}{\beta_b U + \beta_w L} + \left[i_a(0) - \frac{\beta_b U i_{b,sat} + \beta_w L i_{w,sat}}{\beta_b U + \beta_w L} \right] e^{-\frac{\beta_b U + \beta_w L}{m_a} x} \tag{6-14}$$

同理,对式(6-13)积分可得到空气在无压尾水洞沿程流动过程中的含湿量分布为

$$d_a(x) = \frac{\beta_b U d_{b,sat} + \beta_w L d_{w,sat}}{\beta_b U + \beta_w L} + \left[d_a(0) - \frac{\beta_b U d_{b,sat} + \beta_w L d_{w,sat}}{\beta_b U + \beta_w L} \right] e^{-\frac{\beta_b U + \beta_w L}{m_a} x} \tag{6-15}$$

式中：$d_a(0)$、$i_a(0)$ 分别为无压尾水洞入口空气的含湿量（kg/kg）及焓值（kJ/kg）。

对于湿空气，其焓值的计算式为

$$i_a = 1.01t_a + d_a(2501 + 1.84t_a) \tag{6-16}$$

因此，在利用式（6-14）和式（6-15）计算得到空气在无压尾水洞流动过程中的焓值及含湿量分布后，由湿空气焓值的定义式（6-16）便可得到空气在该过程中的温度分布为

$$t_a(x) = \frac{i_a(x) - 2501d_a(x)}{1.01 + 1.84d_a(x)} \tag{6-17}$$

至此，通过对无压尾水洞引风热湿传递过程的简化分析，建立了无压尾水洞引风热湿传递过程的简化模型，并通过积分方法求得了简化模型的分析解。

6.4　简化模型的验证

为确保简化模型应用的可靠性和准确性，将分别采用模拟试验与现场测试数据对简化模型的计算结果进行验证。

6.4.1　简化模型的模拟试验验证

在第 3 章无压尾水洞引风过程模拟试验研究的基础上，利用试验测试结果对无压尾水洞引风热湿交换过程的简化模型进行验证。在模型验证中采用的试验测试工况如表 6-1 所示，其中空气在无压尾水洞流动过程的质传递系数是以空气的平均参数与尾水表面及洞壁面之间的参数来确定的。

表 6-1　模型验证的试验工况

工　况	入口空气参数		引风量 /(m³/h)	风速 /(m/s)	尾水温度 /℃	实测质传递系数 /(kg/(m²·s))
	温度/℃	湿度/%				
工况一	30.9	78.8	397	1.5	16	9.008×10^{-3}
工况二	26.3	80.7	265	1.0	16	6.742×10^{-3}
工况三	27.0	78.6	397	1.5	15	8.460×10^{-3}
工况四	27.3	80.5	397	1.5	17	8.602×10^{-3}
工况五	27.3	80	397	1.5	18	9.773×10^{-3}

在上述试验工况下，将无压尾水洞壁处理为与尾水温度相等的等温条件进行多工况的试验测试与计算，试验测试与简化模型计算结果如图 6-1～图 6-5 所示。

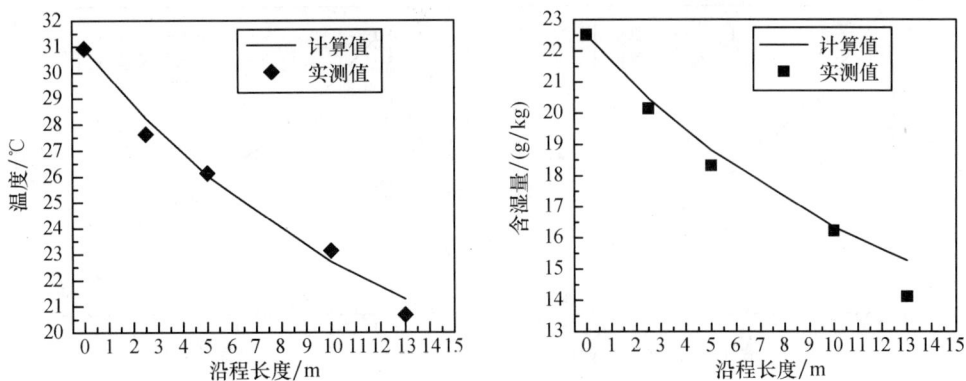

图 6-1　工况一计算与实测结果比较

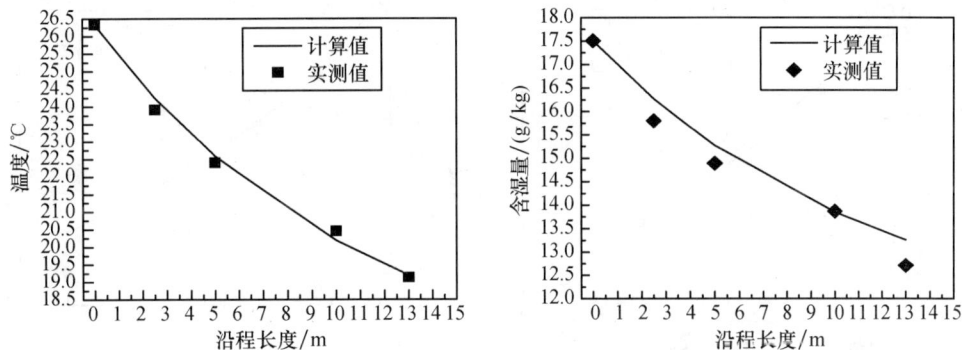

图 6-2　工况二计算与实测结果比较

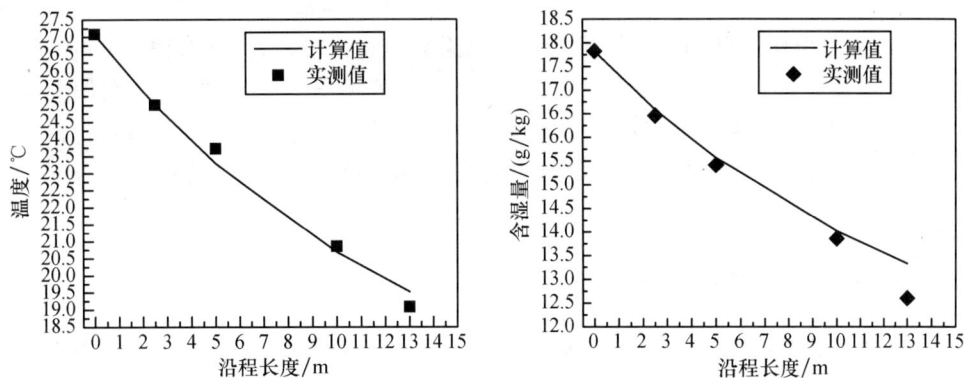

图 6-3　工况三计算与实测结果比较

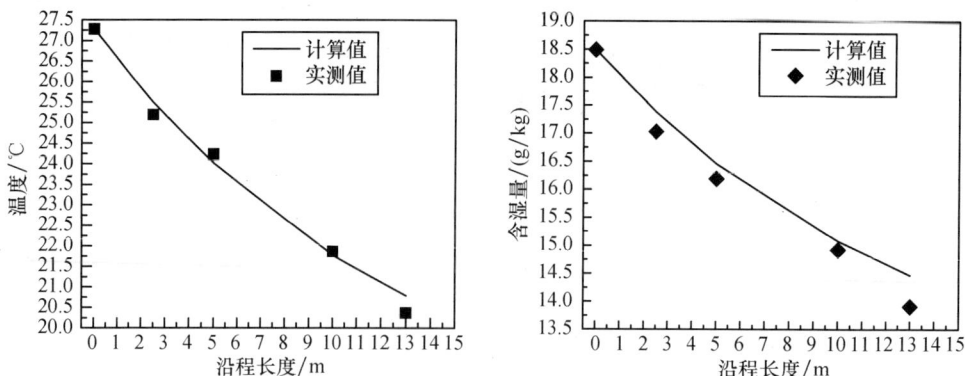

图 6-4　工况四计算与实测结果比较

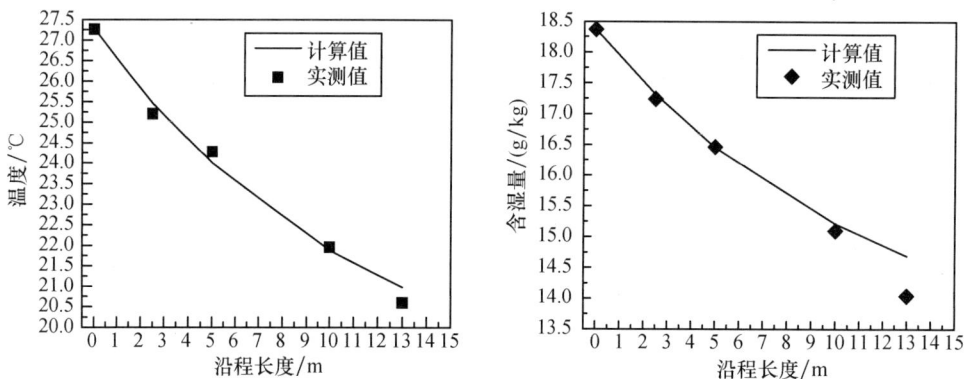

图 6-5　工况五计算与实测结果比较

由图 6-1～图 6-5 可以看到,在控制无压尾水洞等壁温边界条件和各试验工况条件下,采用简化模型的计算结果与实测结果数据吻合较好,空气沿程温度的实测值与计算值之间的偏差为±0.5℃,空气含湿量实测与计算结果的最大偏差为±1g/kg。因此,由模拟试验的验证结果表明,在等温边界条件下,应用简化模型计算无压尾水洞引风的热湿交换特性具有较高的精度与可靠性,可用于指导无压尾水洞引风系统的工程应用。

6.4.2　简化模型的现场测试验证

为进一步验证简化模型在实际工程应用中的实用性,应用第 3 章映秀湾水电站无压尾水洞引风特性的现场测试数据对简化模型进行了验证。在两个测试阶段内,现场测试与简化模型的计算结果图 6-6～图 6-8 所示。

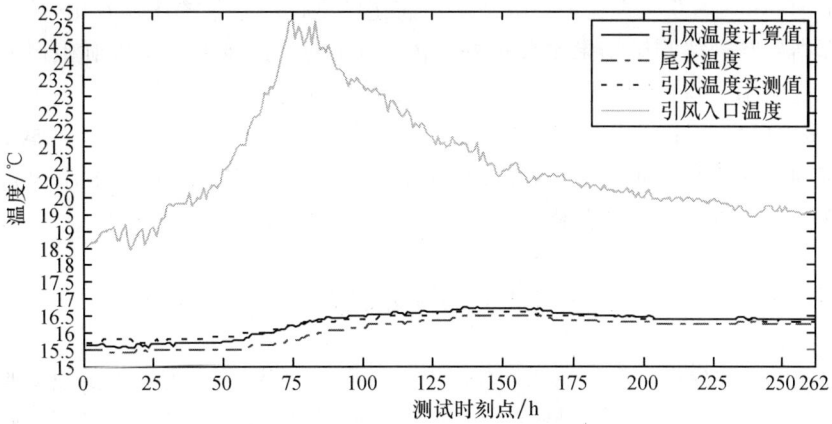

图 6-6　第一阶段无压尾水洞引风温度实测与计算结果

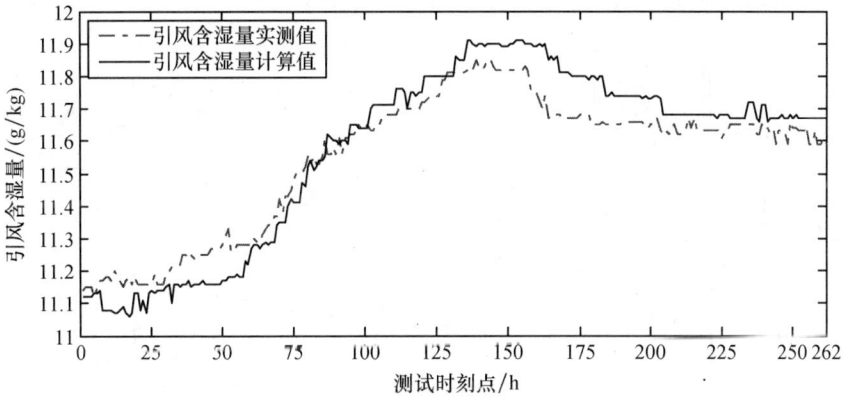

图 6-7　第一阶段无压尾水洞引风含湿量实测与计算结果

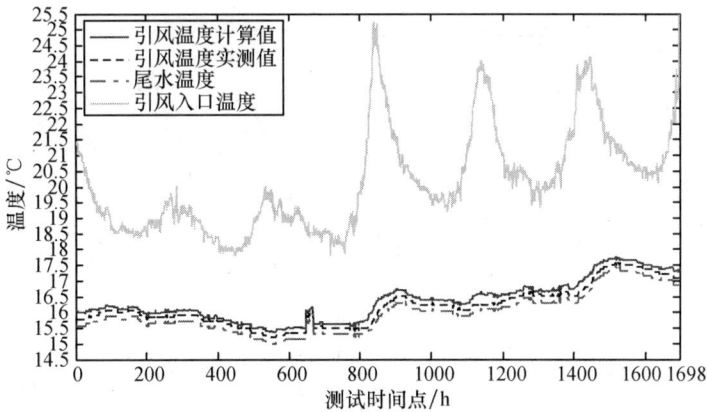

图 6-8　第二阶段无压尾水洞引风温度实测与计算结果

　　由图 6-6～图 6-8 的现场测试结果与简化模型计算结果的比较看出,简化模型的计算结果与现场测试结果吻合很好。由此可以表明,在无压尾水洞引风系统的实际工程应用中,将尾水洞壁面处理为等温边界对引风热湿交换过程进行简化处理,其简化模型的计算结果可以满足工程应用的精度要求。因此,在无压尾水洞引风系统的实际工程应用中,可将简化模型作为计算工具对无压尾水洞引风过程的热湿交换特性进行预测与分析,为无压尾水洞引风系统的设计提供指导。

6.5　简化模型与数值模型的比较

　　为阐明简化模型的合理性和计算结果的可靠性,在试验与现场测试数据验证的基础上,结合第 4 章的理论模型,对简化模型与数值模型的计算结果进行了比较。比较计算中以映秀湾水电站无压尾水洞引风系统第二测试阶段的引风参数作为计算条件,在该工况下,采用简化模型与数值模型的计算结果如图 6-9～图 6-14 所示。

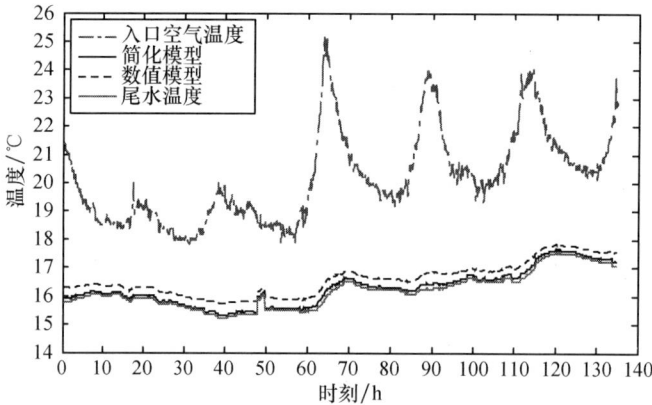

图 6-9　无压尾水洞引风出口空气温度比较

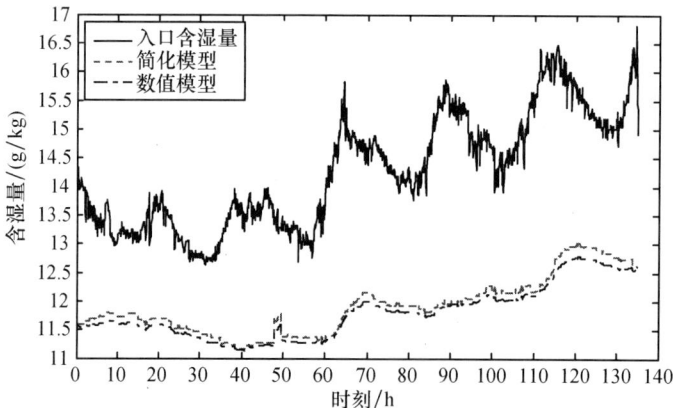

图 6-10　无压尾水洞引风出口空气含湿量比较

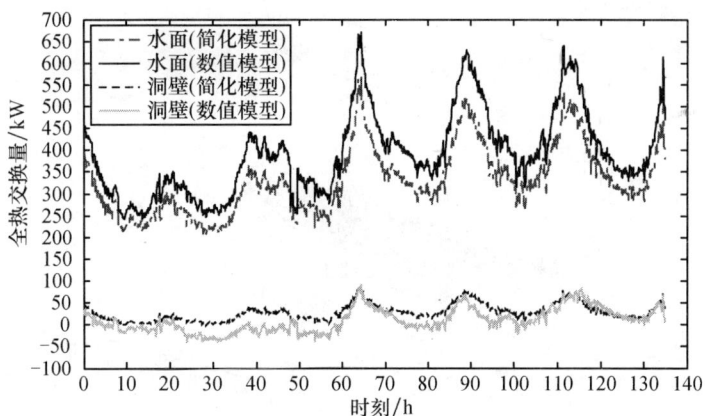

图 6-11　无压尾水洞引风全热交换量比较

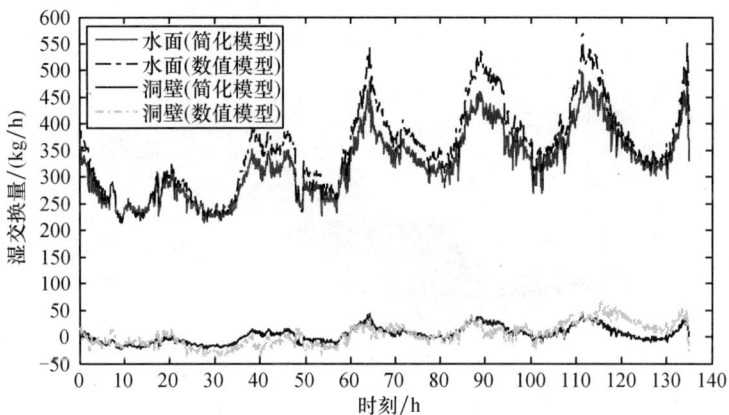

图 6-12　无压尾水洞引风湿交换量比较

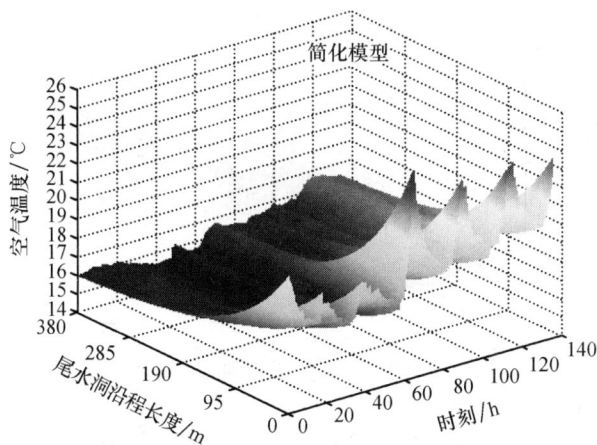

数值模型

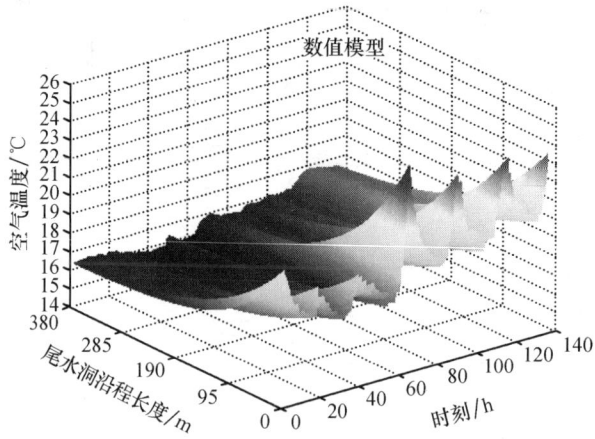

图 6-13　无压尾水洞沿程空气温度比较

简化模型

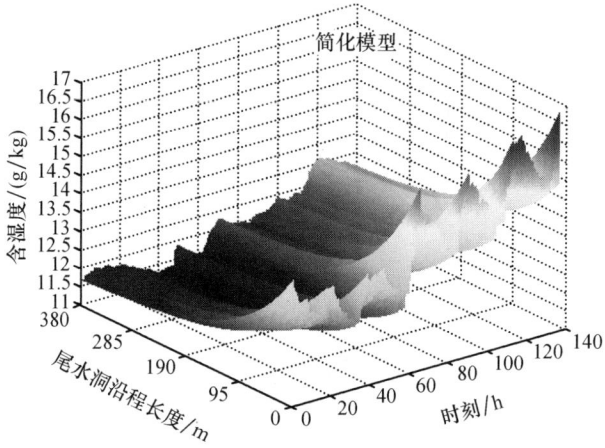

数值模型

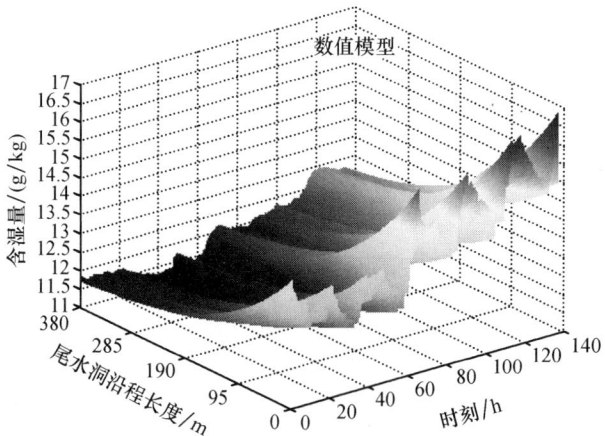

图 6-14　无压尾水洞沿程空气含湿量比较

图 6-9、图 6-10 分别为无压尾水洞引风出口空气温度及含湿量采用两种模型计算的比较结果。由图可见,在该计算工况下,采用简化模型与数值模型计算所得到的无压尾水洞引风出口空气参数吻合较好。

图 6-11、图 6-12 分别为采用两种计算模型对无压尾水洞引风系统空气与尾水表面及洞壁面之间的全热交换量与湿交换量的比较结果。由比较结果可知,采用简化模型计算得到的空气与尾水表面之间的热湿交换量要比数值模型略小,简化模型与数值模型计算结果之间的偏差约为 $10\% \sim 15\%$。但对总热湿交换量,采用两种模型计算的结果基本相等。

图 6-13、图 6-14 分别为采用两种模型计算的无压尾水洞引风空气温度及含湿量的分布图。由图可见,在两种计算模型下,空气在无压尾水洞流动中对应时刻的空气沿程温度及含湿量分布基本保持一致,二者之间吻合较好。

通过以上对映秀湾水电站无压尾水洞引风系统采用两种模型计算结果的比较表明,在水电站无压尾水洞引风的热湿交换过程中,简化模型与数值模型计算结果吻合较好。因此,在水电站无压尾水洞引风技术的工程应用中,可以该简化模型作为工具对无压尾水洞引风过程的热湿交换特性进行计算与分析,并且能很好地满足工程应用的精度要求。

本 章 小 结

为满足工程应用分析的便捷性要求,本章通过对无压尾水洞引风过程热湿交换特性的分析,在无压尾水洞引风热湿交换过程的数值模型基础上,对引风过程中无压尾水洞壁面状态作了近似简化,提出了长无压尾水洞引风热湿交换过程的稳态模型,即简化模型,并通过积分方法求出了模型的如下解析解。

无压尾水洞沿程空气焓值分布:

$$i_{\mathrm{a}}(x) = \frac{\beta_{\mathrm{b}} U i_{\mathrm{b,sat}} + \beta_{\mathrm{w}} L i_{\mathrm{w,sat}}}{\beta_{\mathrm{b}} U + \beta_{\mathrm{w}} L} + \left[i_{\mathrm{a}}(0) - \frac{\beta_{\mathrm{b}} U i_{\mathrm{b,sat}} + \beta_{\mathrm{w}} L i_{\mathrm{w,sat}}}{\beta_{\mathrm{b}} U + \beta_{\mathrm{w}} L} \right] \mathrm{e}^{\frac{\beta_{\mathrm{b}} U + \beta_{\mathrm{w}} L}{m_{\mathrm{a}}} x}$$

无压尾水洞沿程空气含湿量分布:

$$d_{\mathrm{a}}(x) = \frac{\beta_{\mathrm{b}} U d_{\mathrm{b,sat}} + \beta_{\mathrm{w}} L d_{\mathrm{w,sat}}}{\beta_{\mathrm{b}} U + \beta_{\mathrm{w}} L} + \left[d_{\mathrm{a}}(0) - \frac{\beta_{\mathrm{b}} U d_{\mathrm{b,sat}} + \beta_{\mathrm{w}} L d_{\mathrm{w,sat}}}{\beta_{\mathrm{b}} U + \beta_{\mathrm{w}} L} \right] \mathrm{e}^{\frac{\beta_{\mathrm{b}} U + \beta_{\mathrm{w}} L}{m_{\mathrm{a}}} x}$$

无压尾水洞沿程空气温度分布:

$$t_{\mathrm{a}}(x) = \frac{i_{\mathrm{a}}(x) - 2501 d_{\mathrm{a}}(x)}{1.01 + 1.84 d_{\mathrm{a}}(x)}$$

在简化模型的基础上,通过模拟试验与现场测试结果比较表明,简化模型的计算结果与试验及现场测试结果吻合较好,并且在数值分布上具有很好的一致性。

　　针对映秀湾水电站无压尾水洞引风系统的实际工程背景,采用数值模型及简化模型对无压尾水洞引风系统的热湿交换特性进行了计算与比较,并由比较结果得出结论:采用简化模型与数值模型计算结果吻合很好,在无压尾水洞引风系统的工程应用中可采用简化模型对引风的热湿交换特性进行快捷的计算与分析,并能很好地满足工程应用的精度要求。

参 考 文 献

[1] 连之伟,张寅平,陈宝明等. 热质交换原理与设备. 北京:中国建筑工业出版社,2001.

[2] 绘内正道,荒谷登,前田英彦,川口泰文,森太郎. 冷却流水面による大規模吹抜け空間の調湿・除湿. 第 1 報——小型模型空間を用いた流水面の凝縮・蒸発量の実験結果. 空気調和・衛生工学会論文集,1999,72:47～56.

[3] 陈祖荻. 湿空气参数计算法及其 TI-58C 型计算器的计算程序简介(上). 铁道车辆,1985,(2):25～33.

第7章 长无压尾水洞引风过程的热工计算方法

7.1 概　　述

在无压尾水洞引风技术的实际工程应用中,由于数值模型方法计算过程复杂、计算时间长,不便于引风系统热湿交换特性的快捷计算与分析。因此,为便于无压尾水洞引风技术的实际工程应用,本章将在长无压尾水洞引风热湿交换过程的简化模型基础上,提出长无压尾水洞引风过程的热工计算方法,以指导无压尾水洞引风系统的设计与计算。

在水电站无压尾水洞引风过程的热工计算中,其热工计算主要包括无压尾水洞引风出口空气参数的计算(如引风出口空气的温度、相对湿度、含湿量等)、无压尾水洞引风过程的全热交换量计算(包括空气与尾水表面及空气与洞壁面之间的热交换量)以及引风过程中空气的湿交换量计算(包括空气与尾水表面及空气与洞壁面之间的湿交换量)及无压尾水洞引风有效作用长度的计算等。

7.2　长无压尾水洞引风参数的计算

在本书第 6 章长无压尾水洞引风热湿交换过程简化模型式(6-14)、式(6-15)的基础上,采用积分方法得出了无压尾水洞引风热湿交换过程中空气的焓值与含湿量的计算公式:

$$i_\mathrm{a}(x) = \frac{\beta_\mathrm{b} U i_\mathrm{b,sat} + \beta_\mathrm{w} L i_\mathrm{w,sat}}{\beta_\mathrm{b} U + \beta_\mathrm{w} L} + \left[i_\mathrm{a}(0) - \frac{\beta_\mathrm{b} U i_\mathrm{b,sat} + \beta_\mathrm{w} L i_\mathrm{w,sat}}{\beta_\mathrm{b} U + \beta_\mathrm{w} L} \right] \mathrm{e}^{-\frac{\beta_\mathrm{b} U + \beta_\mathrm{w} L}{m_\mathrm{a}} x} \tag{7-1}$$

$$d_\mathrm{a}(x) = \frac{\beta_\mathrm{b} U d_\mathrm{b,sat} + \beta_\mathrm{w} L d_\mathrm{w,sat}}{\beta_\mathrm{b} U + \beta_\mathrm{w} L} + \left[d_\mathrm{a}(0) - \frac{\beta_\mathrm{b} U d_\mathrm{b,sat} + \beta_\mathrm{w} L d_\mathrm{w,sat}}{\beta_\mathrm{b} U + \beta_\mathrm{w} L} \right] \mathrm{e}^{-\frac{\beta_\mathrm{b} U + \beta_\mathrm{w} L}{m_\mathrm{a}} x} \tag{7-2}$$

由式(7-1)和式(7-2)及湿空气焓值计算公式可得到无压尾水洞引风过程中空气沿程温度为

$$t_\mathrm{a}(x) = \frac{i_\mathrm{a}(x) - 2501 d_\mathrm{a}(x)}{1.01 + 1.84 d_\mathrm{a}(x)} \tag{7-3}$$

无压尾水洞引风过程中沿程空气的相对湿度为

$$\varphi(x) = 100 \times \frac{d_\mathrm{a}(x) B}{0.622 P_\mathrm{a,sat}(x) + d_\mathrm{a}(x) P_\mathrm{a,sat}(x)} \tag{7-4}$$

式中：U 为空气与洞壁接触的湿周，m；L 为尾水洞宽度，m；$t_a(x)$ 为无压尾水洞沿程空气温度，℃；$d_a(x)$ 为无压尾水洞沿程空气的含湿量，kg/kg；$d_a(0)$ 为无压尾水洞入口空气的含湿量，kg/kg；$d_{w,sat}$、$d_{b,sat}$ 分别对应尾水温度及洞壁面温度的饱和空气含湿量，kg/kg；$i_a(x)$ 为无压尾水洞沿程空气的焓值，kJ/kg；$i_a(0)$ 为无压尾水洞入口空气的焓值，kJ/kg；$i_{w,sat}$、$i_{b,sat}$ 分别对应尾水温度及洞壁面温度的饱和空气焓值，kJ/kg；$\varphi(x)$ 为尾水洞沿程空气相对湿度，%；B 为当地大气压力，Pa；m_a 为空气的质量流量，kg/s；β_w、β_b 分别对应为空气与尾水表面、空气与洞壁面之间以空气含湿量差为驱动力的质传递系数，kg/(m²·s)，可按式(5-17)和式(5-18)计算；$P_{a,sat}(x)$ 为沿程空气的饱和水蒸气分压力，Pa，可按下式进行计算[1]：

$$P_{a,sat}(x) = \exp\left[\frac{c_1}{T_a} + c_2 + c_3 T_a + c_4 T_a^2 + c_5 T_a^3 + c_6 T_a^4 + c_7 \ln(T_a)\right] \tag{7-5}$$

其中：$T_a = t_a(x) + 273.15$，K；$c_1 \sim c_7$ 分别如表 7-1 所示。

表 7-1　$c_1 \sim c_7$ 系数[1]

参　数	$t_a(x) \in (-100,0]$时	$t_a(x) \in (0,200]$时
c_1	-5674.5359	-5800.2206
c_2	6.3925247	1.3914993
c_3	$-0.9677843 \times 10^{-2}$	-0.04860239
c_4	$0.62215701 \times 10^{-6}$	$0.41764768 \times 10^{-4}$
c_5	$0.20747825 \times 10^{-18}$	$-0.14452093 \times 10^{-7}$
c_6	$-0.9484024 \times 10^{-12}$	0
c_7	4.1635019	6.5459673

在洞壁面温度与尾水温度相等的假设条件下，式(7-1)和式(7-2)可进一步简化为

$$i_a(x) = i_{w,sat} + [i_a(0) - i_{w,sat}]e^{-\frac{\beta_b U + \beta_w L}{m_a}x} \tag{7-6}$$

$$d_a(x) = d_{w,sat} + [d_a(0) - d_{w,sat}]e^{-\frac{\beta_b U + \beta_w L}{m_a}x} \tag{7-7}$$

7.3　长无压尾水洞引风过程的热交换量计算

在空气与尾水及洞壁面之间的温差及水蒸气分压力差作用下，空气在无压尾水洞沿程流动过程中与尾水表面及洞壁面之间进行相互耦合的热湿交换作用。由第 5 章及第 7 章的模型分析可知，空气与尾水及洞壁面之间的热交换量为在焓差作用的全热交换量。因此，由无压尾水洞引风过程的简化模型可以得到空气在无压尾水洞沿程流动过程中，由入口断面至 x 断面的全热交换量计算公式如下：

(1) 空气与尾水表面之间的全热交换量

$$Q_{c,w}(x) = \int_0^x \beta_w L[i_a(x) - i_{w,sat}] \mathrm{d}x \qquad (7\text{-}8)$$

将式(7-1)代入式(7-8)积分得

$$Q_{c,w}(x) = \beta_w L \left(\frac{\beta_b U i_{b,sat} + \beta_w L i_{w,sat}}{\beta_b U + \beta_w L} - i_{w,sat} \right) x$$
$$+ \frac{\beta_w L m_a}{\beta_b U + \beta_w L} \left[i_a(0) - \frac{\beta_b U i_{b,sat} + \beta_w L i_{w,sat}}{\beta_b U + \beta_w L} \right] (1 - \mathrm{e}^{-\frac{\beta_b U + \beta_w L}{m_a}x}) \quad (7\text{-}9)$$

在壁面温度与尾水温度相等的简化条件下,将式(7-6)代入式(7-8)得到空气与尾水表面之间的全热交换量计算公式为

$$Q_{c,w}(x) = \frac{\beta_w L m_a}{\beta_b U + \beta_w L} [i_a(0) - i_{w,sat}](1 - \mathrm{e}^{-\frac{\beta_b U + \beta_w L}{m_a}x}) \qquad (7\text{-}10)$$

(2) 空气与洞壁面之间的全热交换量

$$Q_{c,b}(x) = \int_0^x \beta_b U[i_a(x) - i_{b,sat}] \mathrm{d}x \qquad (7\text{-}11)$$

将式(7-1)代入积分得

$$Q_{c,b}(x) = \beta_b U \left(\frac{\beta_b U i_{b,sat} + \beta_w L i_{w,sat}}{\beta_b U + \beta_w L} - i_{b,sat} \right) x$$
$$+ \frac{\beta_b U m_a}{\beta_b U + \beta_w L} \left[i_a(0) - \frac{\beta_b U i_{b,sat} + \beta_w L i_{w,sat}}{\beta_b U + \beta_w L} \right] (1 - \mathrm{e}^{-\frac{\beta_b U + \beta_w L}{m_a}x}) \quad (7\text{-}12)$$

在壁面与尾水温度相等的条件下,空气与洞壁面之间的全热交换量计算公式为

$$Q_{c,b}(x) = \frac{\beta_b U m_a}{\beta_b U + \beta_w L} [i_a(0) - i_{w,sat}](1 - \mathrm{e}^{-\frac{\beta_b U + \beta_w L}{m_a}x}) \qquad (7\text{-}13)$$

7.4　长无压尾水洞引风过程的湿交换量计算

与无压尾水洞引风过程空气与尾水表面及洞壁面之间的全热交换量计算方法类似,在无压尾水洞引风的热湿交换过程中,空气由入口断面至 x 断面的与尾水表面及洞壁面之间的湿交换量计算公式如下:

1) 空气与尾水表面之间的湿交换量

$$W_{c,w}(x) = \int_0^x \beta_w L[d_a(x) - d_{w,sat}] \mathrm{d}x \qquad (7\text{-}14)$$

将式(7-2)代入式(7-14)得

$$W_{c,w}(x) = \beta_w L\left(\frac{\beta_b U d_{b,sat} + \beta_w L d_{w,sat}}{\beta_b U + \beta_w L} - d_{w,sat}\right)x$$
$$+ \frac{\beta_w L m_a}{\beta_b U + \beta_w L}\left[d_a(0) - \frac{\beta_b U d_{b,sat} + \beta_w L d_{w,sat}}{\beta_b U + \beta_w L}\right]\left(1 - e^{-\frac{\beta_b U + \beta_w L}{m_a}x}\right) \quad (7\text{-}15)$$

在洞壁面与尾水温度相等的简化条件下,将式(7-7)代入式(7-15)可得空气与尾水表面之间的沿程湿交换量计算公式为

$$W_{c,w}(x) = \frac{\beta_w L m_a}{\beta_b U + \beta_w L}[d_a(0) - d_{w,sat}]\left(1 - e^{-\frac{\beta_b U + \beta_w L}{m_a}x}\right) \quad (7\text{-}16)$$

2) 空气与洞壁面之间的湿交换量

$$W_{c,b}(x) = \int_0^x \beta_b U[d_a(x) - d_{b,sat}]\mathrm{d}x \quad (7\text{-}17)$$

将式(7-2)代入式(7-17)积分得

$$W_{c,b}(x) = \beta_b U\left(\frac{\beta_b U d_{b,sat} + \beta_w L d_{w,sat}}{\beta_b U + \beta_w L} - d_{b,sat}\right)x$$
$$+ \frac{\beta_b U m_a}{\beta_b U + \beta_w L}\left[d_a(0) - \frac{\beta_b U d_{b,sat} + \beta_w L d_{w,sat}}{\beta_b U + \beta_w L}\right]\left(1 - e^{-\frac{\beta_b U + \beta_w L}{m_a}x}\right) \quad (7\text{-}18)$$

在洞壁面与尾水温度相等的简化条件下,将式(7-7)代入式(7-18)可得空气与洞壁面之间的沿程湿交换量计算公式为

$$W_{c,b}(x) = \frac{\beta_b U m_a}{\beta_b U + \beta_w L}[d_a(0) - d_{w,sat}]\left(1 - e^{-\frac{\beta_b U + \beta_w L}{m_a}x}\right) \quad (7\text{-}19)$$

7.5　无压尾水洞引风有效作用长度的计算

在无压尾水洞的引风热湿交换过程中,空气参数沿流动方向以指数规律(如式(7-1)、式(7-2))逐渐接近对应尾水温度的饱和状态,并且由于空气与尾水表面及洞壁面之间的热湿传递势的逐渐减小,无压尾水洞对空气的热湿处理作用也逐渐减弱。当尾水洞中空气参数接近尾水温度的饱和状态,即无压尾水洞的通用热交换效率(接触效率)E接近1以后,无压尾水洞失去对空气的热湿处理能力。由此定义无压尾水洞引风有效作用长度为使无压尾水洞的通用热交换效率E接近1的最小长度。根据空气热湿交换的热力学原理,使无压尾水洞的通用热交换效率达到1则要求无压尾水洞的长度足够长或接触时间足够充分,这在实际工程中是很难满足的。因此,在实际应用中,可以无压尾水洞的通用热交换效率$E \approx 0.90 \sim 0.95$时的长度作为无压尾水洞引风系统的有效作用长度。

无压尾水洞通用热交换效率 E 的定义式为

$$E = 1 - \frac{t_a(x) - t_{a,s}(x)}{t_a(0) - t_{a,s}(0)} \tag{7-20}$$

式中：$t_{a,s}(0)$、$t_{a,s}(x)$ 分别为无压尾水洞引风入口及 x 位置空气的湿球温度，℃；$t_a(0)$、$t_a(x)$ 分别为无压尾水洞引风入口及 x 位置空气的干球温度，℃。

无压尾水洞的通用热交换效率 E 表示的是，无压尾水洞对空气的实际处理过程与无压尾水洞足够长或空气与尾水洞接触时间足够充分的理想热湿处理过程的接近程度。

由式(7-20)可得到空气在流至 x 断面时的湿球温度为

$$t_{a,s}(x) = t_a(x) - (1-E)[t_a(0) - t_{a,s}(0)] \tag{7-21}$$

由式(7-1)及式(7-2)可计算得到在无压尾水洞 x 位置空气的焓值 $i_a(x)$ 及含湿量 $d_a(x)$，根据计算所得空气的 $i_a(x)$ 及 $d_a(x)$ 由式(7-3)得到无压尾水洞 x 断面空气的干球温度 $t_a(x)$。因此，由式(7-21)可得在 x 断面空气的湿球温度 $t_{a,s1}(x)$。

由文献[2]可知，在一定温度范围内，空气的湿球温度与焓值的关系可表示为

$$t_{a,s}(x) = \sum_{k=1}^4 a_k \exp\left[-b_k\left(\frac{B_{loc}}{B_{std}}\right)^{c_k} i_a(x)\right] \tag{7-22}$$

式中：a_k、b_k、c_k 为拟合参数，如表 7-2 所示；B_{loc} 为当地大气压力，Pa；B_{std} 为标准大气压力，$B_{std} = 101325$Pa。

表 7-2　a_k、b_k、c_k 的取值[2]

k	a_k	b_k	c_k
1	−11.5203	−0.0021	0.42
2	−15.1467	0.0264	1.18
3	56.9044	−0.001	1.83
4	−36.2512	0.0072	0.2

因此，由式(7-1)及式(7-22)可得到在无压尾水洞 x 断面空气的湿球温度 $t_{a,s2}(x)$。采用迭代算法求解当 $t_{a,s1}(x)$ 等于 $t_{a,s2}(x)$ 时所对应的无压尾水洞长度即为无压尾水洞引风有效作用长度 X_{eff}。

至此，在无压尾水洞引风过程热湿交换简化模型的基础上，提出了完整的无压尾水洞引风过程的热工计算方法。应用该方法可在已知引风入口空气参数、尾水参数、无压尾水洞结构参数的条件下实现对无压尾水洞沿程空气状态参数（包括空气的温度、含湿量、相对湿度等），空气与尾水表面及洞壁面之间的热湿交换量以及无压尾水洞引风系统的有效作用长度等热工参数的计算。

7.6　热工计算方法的应用步骤

在无压尾水洞引风工程设计中,一般已知无压尾水洞的结构参数(如尾水洞的长度、宽度、高度及运行水位等)、逐时引风入口空气参数(入口空气的焓值、含湿量、相对湿度、湿球温度、干球温度等)、逐时尾水温度、引风量(引风风速)以及尾水流量(尾水流速)等。在上述已知条件下,应用无压尾水洞引风过程的热工计算方法对无压尾水洞引风的热湿交换特性进行计算时所遵循的步骤如下:

(1) 根据尾水温度 t_w 和洞壁面温度 t_b 计算对应温度的饱和空气焓值 $i_{w,sat}$、$i_{b,sat}$ 及饱和空气的含湿量 $d_{w,sat}$、$d_{b,sat}$;

(2) 根据入口空气的焓值 $d_a(0)$ 与 $d_{w,sat}$ 及 $d_{b,sat}$ 之间的关系,确定无压尾水洞对空气的热湿处理过程(对空气加湿或除湿);

(3) 根据(2)的结果由式(3-17)、式(3-18)计算空气与尾水表面及洞壁面之间以含湿量差为驱动力的质传递系数 β_w、β_b;

(4) 由式(7-1)、式(7-2)计算空气在无压尾水洞沿程流动过程的焓值及含湿量分布 $i_a(x)$、$d_a(x)$;

(5) 由式(7-3)计算空气在无压尾水洞沿程流动过程的温度分布 $t_a(x)$;

(6) 由式(7-4)计算空气在无压尾水洞沿程流动过程的相对湿度分布 $\varphi_a(x)$;

(7) 由式(7-9)、式(7-12)分别计算空气在无压尾水洞沿程流动过程中空气与尾水表面及洞壁面之间的全热交换量 $Q_{c,w}(x)$、$Q_{c,b}(x)$;

(8) 由式(7-15)、式(7-18)分别计算空气在无压尾水洞沿程流动过程中空气与尾水表面及洞壁面之间的全热交换量 $W_{c,w}(x)$、$W_{c,b}(x)$;

(9) 由式(7-1)、式(7-2)及式(7-3)计算在无压尾水洞 x 断面空气的干球温度 $t_a(x)$,并由式(7-21)计算 x 断面空气的湿球温度 $t_{a,s1}(x)$;由式(7-1)及式(7-22)计算在无压尾水洞 x 断面空气的湿球温度 $t_{a,s2}(x)$,判断 $t_{a,s1}(x)$ 是否等于 $t_{a,s2}(x)$,如相等,则无压尾水洞引风有效作用长度 X_{eff} 等于 $t_{a,s1}(x)$ 与 $t_{a,s2}(x)$ 相等时所对应的无压尾水洞长度;否则,采用迭代计算使 $t_{a,s1}(x)$ 与 $t_{a,s2}(x)$ 相等。

本 章 小 结

为指导水电站无压尾水洞引风技术的实际工程应用,并提供一种快捷的计算工具,本章在长无压尾水洞引风热湿交换过程的简化模型基础上,提出了一套针对长无压尾水洞完整的无压尾水洞引风过程的热工计算方法。应用该热工计算方法,在已知引风入口空气参数(空气的焓值、含湿量、引风量等)、尾水参数(尾水流量、尾水温度)及无压尾水洞结构参数(长、宽、高、尾水位等)的条件下,可简便、快捷地实现对无压尾水洞引风系统沿程空气温湿度参数、空气与尾水表面及洞壁面之间的热湿交换量以及无压尾水洞引风系统的有效作用长度等热工参数的计算。

参 考 文 献

［1］　赵荣义,范存养,薛殿华等.空气调节.北京:中国建筑工业出版社,1994.

［2］　吴俊云,王磊,陈芝久,陈在康.湿球温度与饱和焓值经验关系式.暖通空调,2000,30(3):
27～29.

第8章 有限长度无压尾水洞引风技术

8.1 概　　述

第6章通过对无压尾水洞引风过程热湿交换特性的分析,在无压尾水洞等壁温假设条件下建立了长无压尾水洞引风热湿交换过程的简化模型,并得出了模型的解析解。第7章在该简化模型及壁面温度等于尾水温度的假设基础上,提出了长无压尾水洞引风过程的热工计算方法,但该热工计算方法对长度较长无压尾水洞引风过程的热湿交换特性的计算具有较高的精度与可靠性;而对长度较短的无压尾水洞引风过程,因简化模型中等壁面温度假设与实际壁面温度分布的偏差,使得该热工计算方法的适应性及计算精度受到一定的限制。

本章主要在前述各章理论分析的基础上,根据长度有限无压尾水洞引风过程的特点,建立有限长度无压尾水洞引风过程的热湿交换改进模型,并提出在长度有限条件下无压尾水洞引风过程的热工计算方法。

8.2 有限长度无压尾水洞引风过程的改进模型

由第5章无压尾水洞引风过程的热湿交换特性分析可知,在无压尾水洞引风过程中,空气与尾水表面间的热湿交换量占主导作用,其热湿交换量占总交换量的$80\%\sim90\%$,空气与洞壁面之间的热湿交换作用较弱。为分析无压尾水洞壁面的状态,引入无量纲的毕渥准则数 $Bi=\alpha_b\delta/\lambda_b$,其表征洞体岩层内部的导热热阻 δ/λ_b 与洞壁面对流热阻 $1/\alpha_b$ 的比值,根据无压尾水洞的岩层特性、远边界层厚度及洞壁面的对流热交换系数可得到 Bi 数一般为 $30\sim50$。由此表明,在无压尾水洞引风的热湿交换过程中,洞体岩层的导热热阻远大于其表面的对流热阻,则在洞壁面与空气接触后其温度会很快趋于空气温度。因此,在工程应用中可近似将与空气接触的洞壁面简化为第一类边界条件,即等温边界条件[1]。

在洞壁面等温假设并忽略洞体岩层的导热条件下,根据湿球温度理论,在空气流经洞壁面并在温差与水蒸气分压力差的作用下进行热湿交换时,洞壁表面可近似认为是一个温度等于空气湿球温度的饱和水蒸气边界层,洞壁面水分的蒸发(或空气中水蒸气在壁面凝结)所吸收(或释放)的潜热全部来自(或排至)空气,即洞壁面对空气的处理过程为等焓过程。

基于上述的简化分析并在下述简化假设条件下,提出了有限长度无压尾水洞引风热湿交换过程的改进模型:

(1) 将洞内空气按集总参数法处理,即认为在无压尾水洞的任一断面空气混合均匀,空气参数分布一致;

(2) 无压尾水洞内尾水流动为等温流动,即忽略水温沿流动方向的微小变化[2];

(3) 无压尾水洞壁面为润湿表面,且在任一断面其与空气接触的壁面温度等于该断面空气的湿球温度。

在上述简化条件下,可将空气在无压尾水洞沿程流动中的热湿交换过程按稳态过程进行处理。在图 4-2 中取 $\mathrm{d}x$ 长度无压尾水洞作为研究对象,建立空气在无压尾水洞流动过程中的热湿传递改进模型。

(1) 空气与洞壁之间的显热交换量

$$\mathrm{d}Q_{\mathrm{x,b}}(x) = \alpha_{\mathrm{b}}[t_{\mathrm{a,wb}}(x) - t_{\mathrm{a}}(x)]U\mathrm{d}x \tag{8-1}$$

(2) 空气与洞壁之间的湿交换量

$$\mathrm{d}W_{\mathrm{b}}(x) = \beta_{\mathrm{b,p}}[P_{\mathrm{b,sat}}(x) - P_{\mathrm{a}}(x)]U\mathrm{d}x \tag{8-2}$$

(3) 空气与尾水表面的显热交换量

$$\mathrm{d}Q_{\mathrm{x,w}}(x) = \alpha_{\mathrm{w}}[t_{\mathrm{w}} - t_{\mathrm{a}}(x)]L\mathrm{d}x \tag{8-3}$$

(4) 空气与尾水表面的湿交换量

$$\mathrm{d}W_{\mathrm{w}}(x) = \beta_{\mathrm{w,p}}[P_{\mathrm{w,sat}} - P_{\mathrm{a}}(x)]L\mathrm{d}x \tag{8-4}$$

在一般温度范围内湿空气的水蒸气分压力相对空气压力较小,因此,根据式(6-5)、式(6-6)可将式(8-2)、式(8-4)以水蒸气分压力差为驱动力的湿交换量表示为含湿量差为驱动力的湿交换量形式为

$$\mathrm{d}W_{\mathrm{b}}(x) = \beta_{\mathrm{b}}[d_{\mathrm{b,sat}}(x) - d_{\mathrm{a}}(x)]U\mathrm{d}x \tag{8-5}$$

$$\mathrm{d}W_{\mathrm{w}}(x) = \beta_{\mathrm{w}}[d_{\mathrm{w,sat}} - d_{\mathrm{a}}(x)]L\mathrm{d}x \tag{8-6}$$

根据前述简化分析,在任一断面无压尾水洞壁面对空气的处理过程为等焓过程,即洞壁面因水分蒸发(或空气中水蒸气在壁面凝结)的潜热损失(或得热量)等于空气的显热得热(或显热失热),即

$$r\mathrm{d}W_{\mathrm{b}}(x) = -\mathrm{d}Q_{\mathrm{x,b}}(x) \tag{8-7}$$

根据能量平衡可得到微元体内空气的热平衡方程为

$$m_{\mathrm{a}}\frac{\mathrm{d}i_{\mathrm{a}}(x)}{\mathrm{d}x} = \alpha_{\mathrm{w}}[t_{\mathrm{w}} - t_{\mathrm{a}}(x)]L + r\beta_{\mathrm{w}}[d_{\mathrm{w,sat}} - d_{\mathrm{a}}(x)]L \tag{8-8}$$

由式(6-10)、式(6-11)可将式(8-8)表示的能量平衡方程表示为空气的焓方程为

$$m_a \frac{\mathrm{d}i_a(x)}{\mathrm{d}x} = \beta_w[i_{w,sat} - i_a(x)]L \tag{8-9}$$

同理,由微元体内空气的湿平衡关系可得到空气的湿平衡方程为

$$m_a \frac{\mathrm{d}(d_a(x))}{\mathrm{d}x} = \beta_b U[d_{b,sat}(x) - d_a(x)] + \beta_w L[d_{w,sat} - d_a(x)] \tag{8-10}$$

上述式中:U 为空气与洞壁接触的湿周,m;L 为尾水洞宽度,m;t 为温度,℃;d 为空气的含湿量,kg/kg;i 为空气的焓值,kJ/kg;P 为水蒸气分压力,Pa;r 为水的汽化潜热,$r = 2501$kJ/kg;m_a 为空气的质量流量,kg/s;c_{pa}为空气的比热容,kJ/(kg·℃);Le 为刘易斯数,对水-空气系统 $Le \approx 1$;α 为对流换热系数,W/(m²·℃);β、β_p 分别对应为以空气的含湿量差和水蒸气分压力差为驱动力的质传递系数,单位分别为 kg/(m²·s)和 kg/(m²·s·Pa),对于大空间无压尾水洞,β 可按式(4-17)和式(4-18)进行计算,或按下式计算[3]:

$$\beta = \frac{B_{std}^2}{0.622 B_{loc}}(0.0046 + 0.0036u) \times 10^{-5} \tag{8-11}$$

对式(8-9)积分可得到空气在无压尾水洞沿程流动过程中的焓值分布为

$$i_a(x) = i_{w,sat} + [i_a(0) - i_{w,sat}]\exp\left(-\frac{\beta_w L}{m_a}x\right) \tag{8-12}$$

由式(8-12)及湿空气的焓值计算式(6-16)可得对应壁面温度的饱和空气含湿量为

$$d_{b,sat}(x) = \frac{i_a(x) - 1.01 t_{a,wb}(x)}{2501 + 1.84 t_{a,wb}(x)} \tag{8-13}$$

式中:$t_{a,wb}(x)$为 x 断面空气的湿球温度,℃。对于湿空气,其湿球温度近似为其焓值的单值函数,在一定温度范围内,湿球温度与焓值的关系可表示为式(7-22)的形式。

因洞壁面温度等于该断面空气的湿球温度,故将式(7-22)代入式(8-13)得到洞壁面饱和含湿量与该断面空气焓值的关系为

$$d_{b,sat}(x) = \frac{i_a(x) - 1.01 \sum_{k=1}^{4} a_k \exp\left[-b_k \left(\frac{B_{loc}}{B_{std}}\right)^{c_k} i_a(x)\right]}{2501 + 1.84 \sum_{k=1}^{4} a_k \exp\left[-b_k \left(\frac{B_{loc}}{B_{std}}\right)^{c_k} i_a(x)\right]} \tag{8-14}$$

式中:拟合系数 a_k、b_k、c_k 按表 7-2 取值[4]。

对式(8-10)积分可得到空气在无压尾水洞沿程流动过程中的含湿量分布:

$$d_a(x) = \frac{\beta_b U d_{b,sat}(x) + \beta_w L d_{w,sat}}{\beta_b U + \beta_w L}$$

$$+ \left[d_a(0) - \frac{\beta_b U d_{b,sat}(x) + \beta_w L d_{w,sat}}{\beta_b U + \beta_w L} \right] \exp\left(-\frac{\beta_b U + \beta_w L}{m_a} x \right) \quad (8\text{-}15)$$

式中：$d_a(0)$、$i_a(0)$ 分别为无压尾水洞入口空气的含湿量及焓值；$d_{b,sat}(x)$ 按式 (8-12) 及式 (8-14) 计算。

因此，根据式 (8-12) 及式 (8-15) 计算得到的空气在无压尾水洞沿程流动过程中的焓值及含湿量分布，并由式 (6-16) 可得到无压尾水洞内的沿程空气温度分布为

$$t_a(x) = \frac{i_a(x) - 2501 d_a(x)}{1.01 + 1.84 d_a(x)} \quad (8\text{-}16)$$

无压尾水洞内沿程空气的相对湿度为

$$\varphi(x) = \frac{d_a(x) B_{loc}}{0.622 P_{a,sat}(x) + d_a(x) P_{a,sat}(x)} \quad (8\text{-}17)$$

式中：$P_{a,sat}(x)$ 为对应空气温度的饱和水蒸气分压力，Pa，按式 (7-5) 及表 7-1 计算。

至此，通过对无压尾水洞引风热湿传递过程的简化分析，建立了无压尾水洞引风热湿交换过程的改进模型，并通过积分方法求得了改进模型的解析解。

8.3　改进模型的验证

8.3.1　改进模型的现场测试验证

为进一步验证改进模型准确性与可靠性，本节应用第 3 章映秀湾水电站无压尾水洞引风特性的现场测试数据对改进模型进行了验证，现场测试与改进模型的计算结果图 8-1～图 8-3 所示。

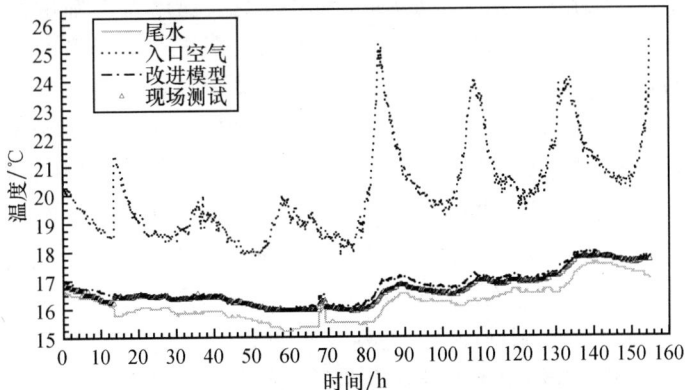

图 8-1　无压尾水洞引风温度实测与改进模型计算结果比较

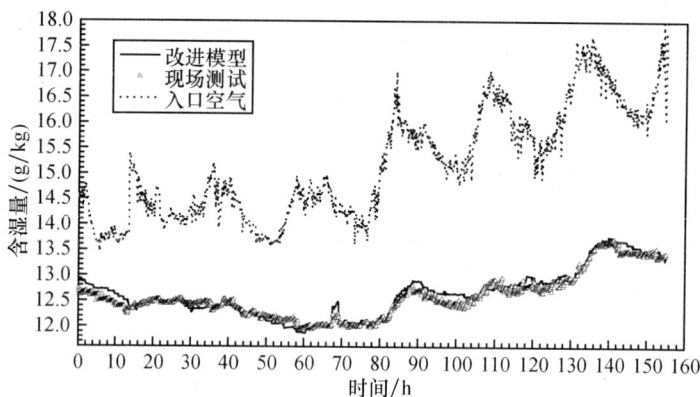

图 8-2 无压尾水洞引风含湿量实测与改进模型计算结果比较

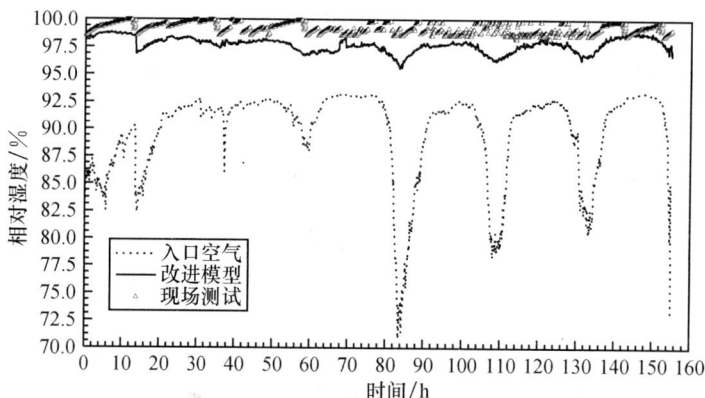

图 8-3 无压尾水洞引风相对湿度实测与改进模型计算结果比较

图 8-1、图 8-2 分别为无压尾水洞引风出口空气温度及含湿量实测值与改进模型计算值的比较结果。由图可见,在现场测试工况下改进模型的计算结果与实测结果吻合较好,改进模型计算的出口空气温度及含湿量的最大绝对误差分别为 0.5℃和 0.32g/kg,而出口空气温度及含湿量的计算均方根误差分别为 0.2℃和 0.12g/kg。改进模型与现场测试数据之间偏差产生的原因在于洞壁面的 Bi 数并非无穷大而使得洞体岩层为非绝热条件。因此,在洞体岩层的导热作用下,在无压尾水洞壁面因水分蒸发或空气中的水蒸气在壁面凝结时的吸热量或放热量并非全部来自或释放至空气,而壁面的吸热量或放热量会有部分来自或释放至洞体岩层中,即在空气与无压尾水洞壁面进行热湿交换过程中,壁面对空气的热湿处理过程并非等焓过程。图 8-3 给出了在测试条件下无压尾水洞引风出口空气相对湿度的测试值与改进模型的计算结果。由图可见,改进模型的计算结果较实测值偏低,改

进模型的相对湿度计算偏差在 5‰RH 以内。

8.3.2　改进模型与简化模型比较

第 6 章在对无压尾水洞进行等壁温假设的条件下建立了无压尾水洞引风热湿交换过程的简化模型,并通过现场测试数据进行了验证。本节将在第 3 章映秀湾水电站现场测试数据基础上对简化模型与改进模型的热湿交换特性计算结果进行了比较,比较结果如图 8-4、图 8-5 所示。两模型的计算条件同映秀湾水电站现场测试条件,在简化模型计算中洞壁面温度等于尾水温度。

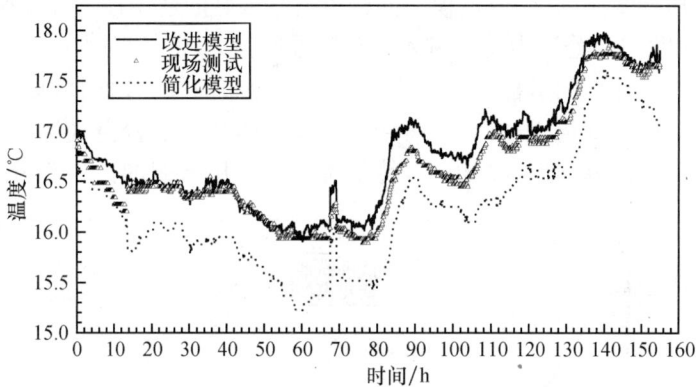

图 8-4　无压尾水洞引风温度简化模型与改进模型计算结果

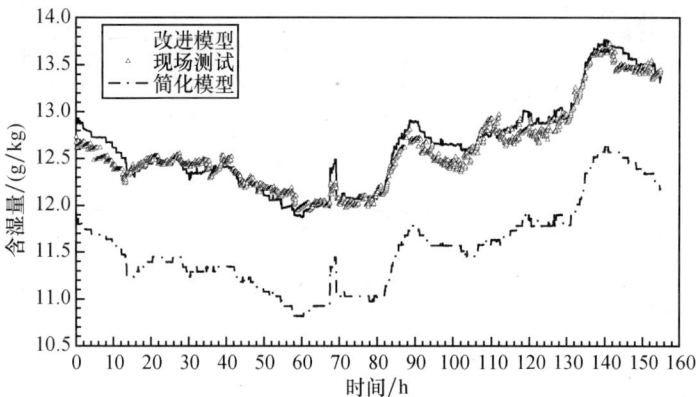

图 8-5　无压尾水洞引风含湿量简化模型与改进模型计算结果

图 8-4 为采用简化模型和改进模型对无压尾水洞引风出口空气温度计算的比较结果。相对现场测试数据而言,在采用简化模型与改进模型计算无压尾水洞引风出口空气温度时,两模型计算结果的最大绝对误差分别为 0.7℃ 和 0.5℃,而均方根误差分别为 0.4℃ 和 0.2℃,且简化模型计算的引风出口温度均较改进模型计

算结果偏低。

图 8-5 为采用简化模型和改进模型对无压尾水洞引风出口空气含湿量计算的比较结果。由图可见,采用简化模型计算的引风出口空气含湿量相对测试结果的绝对误差远大于改进模型的计算值,简化模型计算结果的最大绝对误差为 1.35g/kg,均方根偏差为 1.05g/kg;而改进模型计算结果的最大绝对误差为 0.32g/kg,均方根偏差为 0.12g/kg。

从上述比较结果可见,在无压尾水洞引风热湿交换特性计算时,采用改进模型比简化模型具有更好的计算精度,特别是对长度有限无压尾水洞引风特性的计算;对于长直无压尾水洞而言,改进模型同样也具有很好的适用性与计算精度。

图 8-6 和图 8-7 分别为在引风入口空气温度为 32℃、相对湿度为 75% 的条件下采用两种模型计算的沿程空气温度及含湿量分布曲线。由图可见,在空气沿无压尾水洞流动的热湿传递过程中,简化模型计算所得的沿程空气温度及含湿量变化较改进模型的计算结果剧烈得多,特别是在无压尾水洞的入口部分。其原因在

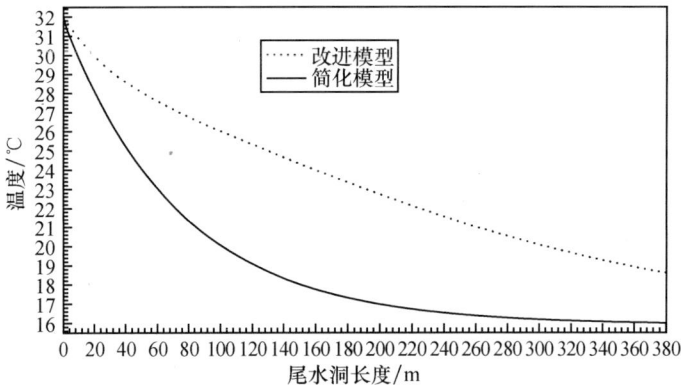

图 8-6　无压尾水洞引风含湿量简化模型与改进模型计算结果

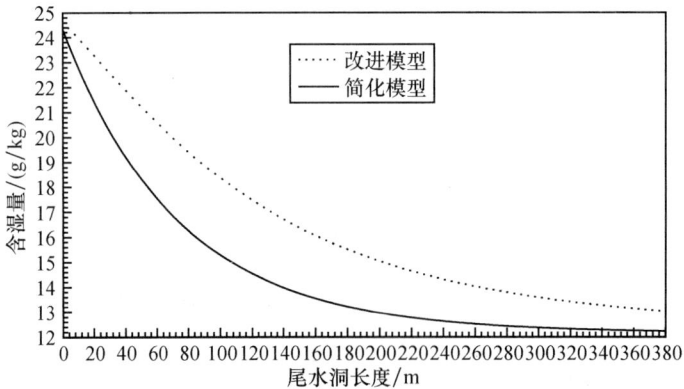

图 8-7　无压尾水洞引风含湿量简化模型与改进模型计算结果

于在简化模型中无压尾水洞壁面被简化为温度为尾水温度的等壁温条件,而在改进模型中是采用分布参数法将洞壁面分段简化为该段内空气的湿球温度,在无压尾水洞引风的实际过程中,尾水洞入口部分的壁面温度更接近于与之接触的空气湿球温度,其温度较尾水温度低得多。因此,在简化模型中空气与洞壁面之间的热湿传递驱动力较改进模型大得多,从而导致无压尾水洞内沿程空气温度及含湿量很快趋于饱和状态。

8.4　有限长度无压尾水洞引风过程的热工计算方法

为满足工程应用需要,本节在前述改进模型的基础上,提出在尾水洞长度有限条件下无压尾水洞引风过程的热工计算方法,包括无压尾水洞沿程空气参数、热湿交换率及引风有效作用长度的计算,以期在无压尾水洞结构及引风运行工况一定的条件下,为无压尾水洞引风过程热湿交换特性分析和工程应用提供一套便捷的计算方法。

8.4.1　无压尾水洞沿程空气参数计算

无压尾水洞引风过程沿程空气含湿量、温度及相对湿度可分别按式(8-15)、式(8-16)及式(8-17)计算。

沿程空气含湿量:

$$d_a(x) = \frac{\beta_b U d_{b,sat}(x) + \beta_w L d_{w,sat}}{\beta_b U + \beta_w L}$$
$$+ \left[d_a(0) - \frac{\beta_b U d_{b,sat}(x) + \beta_w L d_{w,sat}}{\beta_b U + \beta_w L} \right] \exp\left(-\frac{\beta_b U + \beta_w L}{m_a} x \right)$$

式中:$d_{b,sat}(x)$ 按式(8-14)及式(8-12)计算。

沿程空气温度:

$$t_a(x) = \frac{i_a(x) - 2501 d_a(x)}{1.01 + 1.84 d_a(x)}$$

式中:$i_a(x)$ 按式(8-12)计算。

沿程空气的相对湿度:

$$\varphi(x) = \frac{d_a(x) B_{loc}}{0.622 P_{a,sat}(x) + d_a(x) P_{a,sat}(x)}$$

8.4.2　无压尾水洞引风过程的热交换率计算

在改进模型中因洞壁面采用分布参数法简化为润湿绝热边界,且壁面温度等

丁与之接触的空气的湿球温度。因此,在无压尾水洞引风的热湿交换过程中其总热交换仅发生在空气与尾水表面之间,其热交换率为

$$Q(x) = \int_0^x \beta_{\rm w} [i_{\rm w,sat} - i_{\rm a}(x)] L {\rm d}x = m_{\rm a} [i_{\rm a}(0) - i_{\rm a}(x)] \tag{8-18}$$

将式(8-12)代入式(8-18)得到无压尾水洞引风过程的热交换率为

$$Q(x) = m_{\rm a} [i_{\rm a}(0) - i_{\rm w,sat}] \left[1 - \exp\left(-\frac{\beta_{\rm w} L}{m_{\rm a}} x \right) \right] \tag{8-19}$$

8.4.3　无压尾水洞引风过程的湿交换率计算

在无压尾水洞引风过程中,其湿交换同时发生在空气与洞壁面及空气与尾水表面之间,因此无压尾水洞引风过程中的总湿交换率可表示为

$$W(x) = m_{\rm a} [d_{\rm a}(0) - d_{\rm a}(x)] \tag{8-20}$$

将式(8-15)代入式(8-20)得到无压尾水洞引风过程的总湿交换率为

$$W(x) = m_{\rm a} \left[d_{\rm a}(0) - \frac{\beta_{\rm b} U d_{\rm b,sat}(x) + \beta_{\rm w} L d_{\rm w,sat}}{\beta_{\rm b} U + \beta_{\rm w} L} \right] \left[1 - \exp\left(-\frac{\beta_{\rm b} U + \beta_{\rm w} L}{m_{\rm a}} x \right) \right]$$

$$\tag{8-21}$$

式中:$d_{\rm b,sat}(x)$按式(8-14)及式(8-12)计算。

8.4.4　无压尾水洞引风有效作用长度计算

在空气流经无压尾水洞过程中,在温差及水蒸气分压力差的作用下,空气与尾水表面及洞壁面之间会发生热湿交换,使流经尾水洞的空气参数以指数规律逐渐接近对应尾水温度的饱和状态,如式(8-12)及式(8-15),且在尾水洞的沿程流动过程中因空气与尾水表面及洞壁面之间的热湿传递势逐渐减小,使无压尾水洞对空气的热湿处理作用也逐渐减弱。当洞内空气参数接近对应尾水温度的饱和状态,即无压尾水洞的接触效率(通用热交换效率)E接近1以后,无压尾水洞便失去对空气的热湿处理能力。7.5节中给出了无压尾水洞接触效率的定义及其引风有效作用长度的计算方法。在无压尾水洞引风系统中,其有效作用长度是受无压尾水洞结构、入口空气参数、尾水参数及引风系统的运行工况等因素的综合影响。对于长度较小的无压尾水洞引风系统,无压尾水洞引风有效作用长度是影响无压尾水洞引风技术应用及引风参数二次处理技术的重要参数,有关无压尾水洞引风参数的二次处理问题将在第9章具体阐述。

基于无压尾水洞引风过程的改进模型及7.5节对长直无压尾水洞引风有效作用长度的定义,由式(8-12)及式(8-15)可计算得到在无压尾水洞 x 位置的空气焓

值 $i_a(x)$ 及含湿量 $d_a(x)$，并根据此 $i_a(x)$ 及 $d_a(x)$ 由式(8-16)计算无压尾水洞 x 断面空气的干球温度 $t_a(x)$。因此，由通用热交换效率定义式(7-20)可得空气在流至 x 断面时的湿球温度 $t_{a,\text{wb1}}(x)$ 为

$$t_{a,\text{wb1}}(x) = \frac{i_a(x) - 2501 d_a(x)}{1.01 + 1.84 d_a(x)} - (1-E)\left[t_a(0) - t_{a,\text{wb}}(0)\right] \quad (8\text{-}22)$$

而由式(8-12)计算得到的空气在 x 断面的焓值 $i_a(x)$ 及式(7-22)可得到在无压尾水洞 x 断面空气的湿球温度 $t_{a,\text{wb2}}(x)$：

$$t_{a,\text{wb2}}(x) = \sum_{k=1}^{4} a_k \exp\left[-b_k \left(\frac{B_{\text{loc}}}{B_{\text{std}}}\right)^{c_k} i_a(x)\right] \quad (8\text{-}23)$$

当由式(8-22)计算得到的 x 断面空气的湿球温度 $t_{a,\text{wb1}}(x)$ 与式(8-23)得到的空气湿球温度 $t_{a,\text{wb2}}(x)$ 相等时，则对应空气湿球温度相等时的无压尾水洞长度 x 即为无压尾水洞引风有效作用长度 X_{eff}；否则，采用迭代计算直至 $t_{a,\text{wb1}}(x)$ 等于 $t_{a,\text{wb2}}(x)$ 以得到无压尾水洞引风有效作用长度。

至此，在无压尾水洞引风热湿交换过程改进模型的基础上建立了在长度有限条件下无压尾水洞引风过程的热工计算方法，应用该计算方法可在已知尾水洞结构、引风入口空气参数及尾水参数等条件下实现对无压尾水洞内沿程空气参数、热湿交换率及引风有效作用长度等特征参数的计算与分析，为无压尾水洞引风技术的工程应用提供理论指导与设计工具。

8.5　无压尾水洞引风有效作用长度分析

无压尾水洞引风有效作用长度是受尾水洞入口空气参数、尾水及空气流速、尾水洞断面尺寸及尾水温度等多参数的综合影响。为分析各因素对有效作用长度的影响，设定对应有效作用长度的无压尾水洞通用热交换效率 $E = 0.95$。

8.5.1　无压尾水洞断面尺寸对引风有效作用长度的影响

为分析无压尾水洞断面尺寸对引风有效作用长度的影响，设定尾水温度为 16℃，入口空气温度 $t_a(0) = 32$℃，相对湿度为 75%，引风量为 $12 \times 10^4 \text{m}^3/\text{h}$，空气流通面积为 30m²，尾水流速 $u_w = 3.0$m/s，在该计算条件下，无压尾水洞引风有效作用长度随尾水洞断面尺寸(U/L)的变化关系如图 8-8 所示。

由图 8-8 可见，在尾水洞的空气流通面积一定条件下，无压尾水洞引风有效作用长度随空气流通湿周 U 与尾水洞宽度 L 的比值 U/L 的增大而近线性增加，如当 U/L 由 1.5 增加至 3.0 时，有效作用长度由 403.5m 增加至 773m，增加了 191.6%。由此表明，在无压尾水洞引风过程中，空气与尾水表面之间的热湿交换作用较之与壁面之间的热湿交换作用强，故截面宽度较大(即 U/L 较小)的无压尾水洞其引风的有效作用长度将缩短。

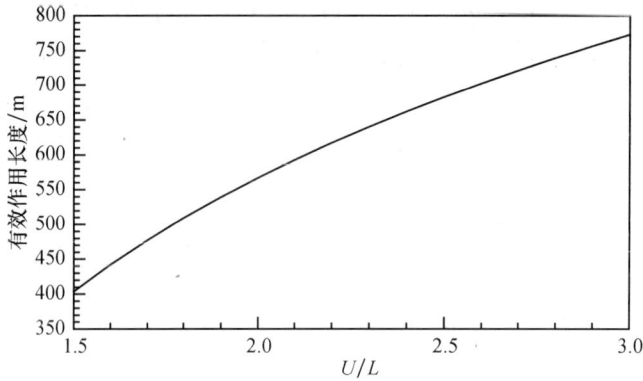

图 8-8　尾水洞断面尺寸对有效作用长度的影响

8.5.2　入口空气参数对引风有效作用长度的影响

为研究引风入口空气参数对引风有效作用长度的影响,对引风入口空气温度为 14～32℃、相对湿度为 50%～90% 的各种工况进行了计算,计算结果如图 8-9所示。计算中尾水温度为 16℃,引风量为 $12 \times 10^4 \mathrm{m}^3/\mathrm{h}$,空气流通面积为 $30\mathrm{m}^2$,截面比 $U/L = 2.0$,尾水流速 $u_\mathrm{w} = 3.0\mathrm{m}/\mathrm{s}$。

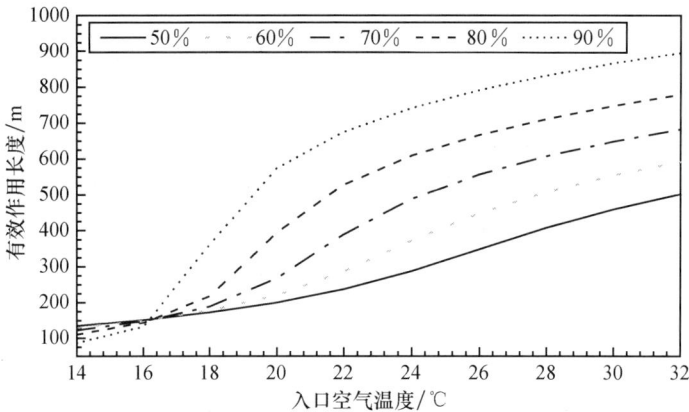

图 8-9　入口空气参数对有效作用长度的影响

由图 8-9 可见,在对应各不同入口空气相对湿度条件下,无压尾水洞引风有效作用长度随入口空气干球温度的升高而增大;而在入口空气干球温度低于尾水温度时,无压尾水洞对引入空气进行加热加湿,此时无压尾水洞引风有效作用长度随入口空气相对湿度的升高而降低;当入口空气干球温度高于尾水温度时,无压尾水洞对引入空气进行降温,此时在各对应不同入口空气干球温度下的无压尾水洞引风有效作用长度随入口空气相对湿度的升高而增大。

8.5.3　尾水温度对有效作用长度的影响

由第 5 章无压尾水洞引风特性分析可知,在长直无压尾水洞的引风过程中,尾水洞引风出口空气参数主要取决于尾水温度。为分析尾水温度对引风过程有效作用长度的影响,对尾水温度由 15℃变化至 20℃时引风有效作用长度进行了计算,计算结果如图 8-10 所示。计算中设定入口空气干球温度为 32℃,相对湿度为75%,引风量为 $12×10^4 m^3/h$,空气流通面积为 30m²,截面比 $U/L=2.0$,尾水流速 $u_w=3.0m/s$。

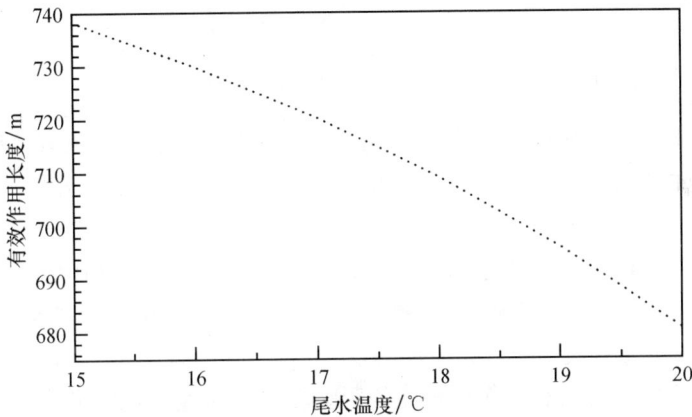

图 8-10　尾水温度对引风有效作用长度的影响

由图 8-10 可知,随着尾水温度的升高,无压尾水洞引风有效作用长度呈逐渐减小的趋势,如在尾水温度由 15℃升高至 20℃的过程中,无压尾水洞引风有效作用长度由 738.3m 降低至 680.7m,有效作用长度仅减小了 57.6m。由此可见,在无压尾水洞引风的热湿交换过程中,虽然尾水温度是控制尾水洞引风出口空气参数的主导因素,但其对无压尾水洞引风有效作用长度的影响相对较小。

8.5.4　尾水及空气流速对有效作用长度的影响

无压尾水洞引风过程是空气与逆向流动尾水及洞壁面之间进行热湿交换的空气处理过程。因此,洞内尾水及空气流速的大小在很大程度上影响空气与尾水表面及洞壁面之间热湿交换作用的强弱,从而影响其热湿交换特性。为分析在不同尾水及空气流速条件下无压尾水洞引风有效作用长度的变化规律,对空气流速为0.5~3.0m/s、尾水流速为 1.0~4.0m/s 的各工况进行了计算,结果如图 8-11 所示。计算中入口空气干球温度为 32℃,相对湿度为 75%,空气流通面积为 30m²,截面比 $U/L=2.0$,尾水温度为 16℃。

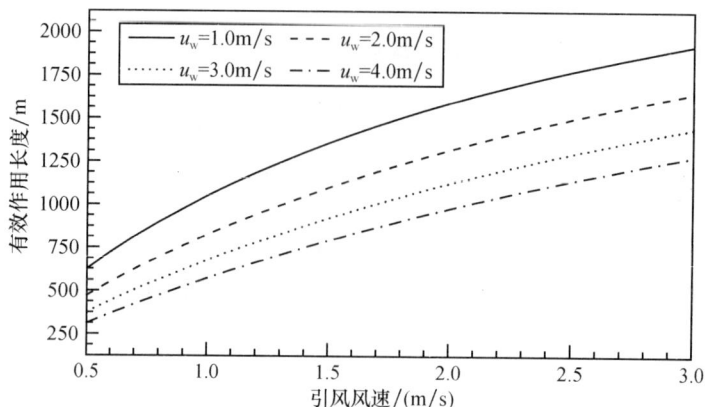

图 8-11　尾水及空气流速对有效作用长度的影响

由图 8-11 可见,在尾水流速 u_w 一定条件下,无压尾水洞引风有效作用长度随引风风速 u_a 的增加而增大,如在尾水流速 $u_w=4.0\text{m/s}$、空气流速由 0.5m/s 提高至 3.0m/s 时,所要求的尾水洞引风有效作用长度则由 311.4m 增大至 1281.3m,增加了 969.9m;而在空气流速 u_a 一定条件下,尾水洞引风有效作用长度随尾水流速的增加而减小,如在空气流速 $u_a=1\text{m/s}$、尾水流速由 1m/s 增加至 4m/s 时,尾水洞引风有效作用长度则由 1050.1m 减小至 572.5m,减小了 477.6m;相对而言,空气流速的变化对引风有效作用长度的影响较尾水流速变化的影响要大。

本 章 小 结

本章在第 6 章长直无压尾水洞简化模型基础上并基于无压尾水洞壁面传热过程的分析,提出对无压尾水洞壁面绝热且壁面温度等于与之接触空气湿球温度的简化假设,建立了在长度有限条件下无压尾水洞引风热湿交换过程的改进模型,并得出了改进模型的解析解。

采用映秀湾水电站无压尾水洞引风特性的现场测试数据对改进模型进行了验证,并对改进模型与简化模型的计算结果进行对比。通过测试数据验证与模型比较结果表明,改进模型与现场测试结果具有很好的一致性,改进模型比简化模型具有更高的计算精度,特别是在长度有限无压尾水洞引风特性的计算中,在长直无压尾水洞引风特性的计算中,改进模型也同样具有较好的适用性与计算精度。

在无压尾水洞引风热湿交换过程改进模型的基础上,提出了长度有限条件下无压尾水洞引风过程的热工计算方法,并分析了无压尾水洞断面尺寸、引风入口空气参数、尾水温度及尾水与引风风速对无压尾水洞引风有效作用长度的影响。应用该热工计算方法,可实现在已知无压尾水洞结构参数、引风入口空气参数、尾水参数及系统运行工况条件下对无压尾水洞内沿程空气参数、热湿交换率及引风有效作用长度等特征参数的计算与分析,为无压尾水洞引风技术的工程应用提供了理论指导与设计工具。

参 考 文 献

[1]　杨强生,浦保荣. 高等传热学. 上海:上海交通大学出版社,1996.

[2]　余延顺,王政,石文星,李先庭. 水电站无压尾水洞引风热湿交换特性的现场测试. 暖通空调,2007,37(10):111~115.

[3]　薛殿华. 空气调节. 北京:清华大学出版社,1991.

[4]　吴俊云,王磊,陈芝久,陈在康. 湿球温度与饱和焓值经验关系式. 暖通空调,2000,30(3):27~29.

第9章 无压尾水洞引风参数二次处理技术

9.1 概　　述

在无压尾水洞引风过程中,其热湿交换特性受尾水洞长度、引风与尾水参数等因素的综合影响,而无压尾水洞的长度直接决定了空气与尾水表面及洞壁面之间接触的充分程度,即决定了无压尾水洞对空气处理能力的大小。对于长度有限的无压尾水洞,因受空气与尾水洞接触时间的限制,空气在无压尾水洞沿程流动过程中难以处理到理想的极限状态。因此,利用有限长度无压尾水洞处理后的空气来保证电站厂房内部的温湿度控制要求,则要求加大通风量,从而使风机能耗增加、电站通风道开挖工程量加大,使电站通风空调系统的投资及运行费用增加;或者甚至无法满足电站厂房的温湿度控制要求,从而极大限制了无压尾水洞引风技术的工程应用。

鉴于此,为突破无压尾水洞长度对无压尾水洞引风技术应用的限制,拓展其应用范围,以实现对具有无压尾水洞引风条件的水电站通风空调系统的"无冷机"运行及无压尾水洞天然冷源利用的最大化,本章主要研究在尾水洞长度及送风参数受控条件下无压尾水洞引风出口空气参数的二次喷淋处理技术,并探讨无压尾水洞引风与采用低温尾水二次喷淋系统串联运行的调控特性,以实现对电站通风空调系统送风参数的有效控制。

9.2 引风参数二次处理技术

在无压尾水洞长度有限的条件下,因受空气与无压尾水洞接触时间所限,使流经尾水洞的空气难以处理到理想状态。因此,为消除电站厂房内的余热、余湿,将无压尾水洞处理后的空气直接送入电站厂房,对电站通风空调系统可能会出现两种情况:①无压尾水洞引风能满足电站厂房的温湿度控制要求,但系统的通风量加大,使送、排风机能耗增加,并使通风道的开挖工程量加大,增加电站投资;②即使在大风量条件下,也无法满足电站厂房内的温湿度控制要求。基于上述两种情况,无压尾水洞长度(或其热湿处理能力)直接限制了无压尾水洞引风技术的工程应用。

为实现无压尾水洞天然冷源在水电站通风空调系统中的最大利用,对长度有限无压尾水洞,为满足电站通风空调系统的送风参数要求,提出在无压尾水洞引风出口设置低温尾水喷淋装置对无压尾水洞处理后的空气进行二次处理,并通过调节通风量与喷淋水量使处理后的空气满足电站通风空调系统的送风要求,无压尾水洞引风二次处理过程的原理如图 9-1 所示。

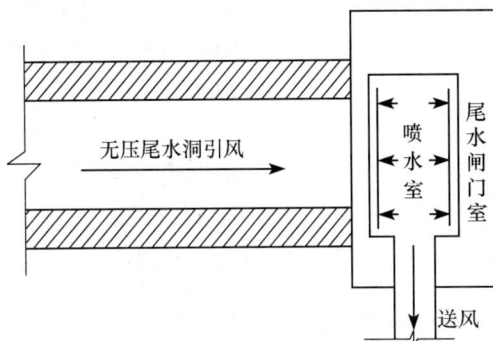

图 9-1 无压尾水洞引风二次处理示意图

该二次喷淋处理技术的原理是根据电站厂房的热湿负荷特点及室内温湿度控制要求确定厂房通风空调系统的送风量及送风参数要求;然后根据要求的送风量及无压尾水洞引风入口参数、尾水参数、尾水洞结构参数计算无压尾水洞引风出口空气参数,并根据要求的送风参数及尾水洞引风出口空气参数调节喷淋系统的喷淋水量等措施使二次喷淋处理后的空气满足送风参数要求。

根据空气的喷淋处理过程,在理想情况下(即水量无限,接触时间充分),空气可被处理到对应水温的饱和状态。因此,将采用低温尾水喷淋的二次空气处理技术与无压尾水洞引风技术相结合,可有效突破尾水洞长度对无压尾水洞引风技术的应用限制,拓展其应用范围,真正实现对具有无压尾水洞的水电站通风空调系统的 100%天然冷源利用。

9.3 低温尾水喷淋过程的热湿交换模型

9.3.1 空气喷淋处理过程的热湿交换特点

在采用低温尾水的空气喷淋处理过程中,空气与经喷嘴喷射出的微细水滴表面直接接触,因水分子的无规则运动,在贴近水滴表面处存在一个温度等于水滴表面温度的饱和空气边界层。当空气流经水滴表面时会将边界层中的部分饱和空气带走而补充以新的空气继续达到饱和,而饱和空气层将不断与流过的主体未饱和空气混合使空气状态发生改变。在水滴表面的边界层中,边界层的水蒸气分压力取决于水滴的表面温度,空气与尾水之间的热湿交换和主体空气与边界层内饱和空气间温差及水蒸气分压力差的大小有关。当边界层内温度高于主体空气温度,

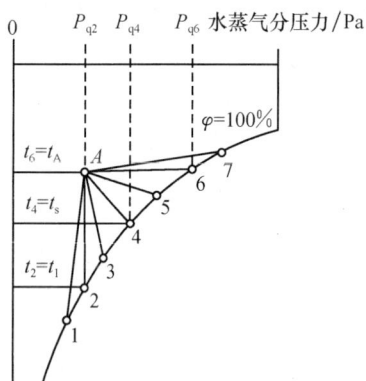

图 9-2　空气与水接触时的状态变化过程

则出边界层向主体空气传热；反之，则由主体空气向边界层传热。如边界层内水蒸气分压力大于主体空气的水蒸气分压力时，则水蒸气分子将由边界层向主体空气迁移；反之，水蒸气分子将由主体空气向边界层迁移。因此，在空气与尾水直接接触的喷淋处理过程中，温差是其热交换的推动力，水蒸气分压力差则是湿交换的推动力。

根据喷淋水温与空气参数间的关系不同，可得到如图 9-2 及表 9-1 所示的七种典型空气处理过程。

表 9-1　空气与水直接接触时各种过程的特点

过程线	水温特点	t 或 Q_x	d 或 Q_s	i 或 Q_x	过程名称
A—1	$t_w<t_1$	↓	↓	↓	减湿冷却
A—2	$t_w=t_1$	↓	—	↓	等湿冷却
A—3	$t_1<t_w<t_s$	↓	↑	↓	减焓加湿
A—4	$t_w<t_s$	↓	↑	—	等焓加湿
A—5	$t_s<t_w<t$	↓	↑	↑	增焓加湿
A—6	$t_w=t$	—	↑	↑	等温加湿
A—7	$t_w>t$	↑	↑	↑	增焓加湿

注：表中 t、t_s、t_1 分别为空气的干球温度、湿球温度和露点温度，t_w 为喷淋水温；d 为空气含湿量；i 为空气焓值；Q_x、Q_s、Q_z 分别为空气的显热、潜热及总热量。

在表 9-1 及图 9-2 所列的七种过程中，A—2 过程是空气增湿与减湿的分界线，A—4 过程是空气增焓与减焓的分界线，A—6 过程是空气升温与降温的分界线。

A—1 过程：当喷淋尾水温度低于空气露点温度时，发生 A—1 过程。此时因 $t_w<t_1<t$ 和 $P_{q1}<P_{qA}$，故空气被冷却去湿，空气中水蒸气凝结时放出的潜热被水带走。

A—2 过程：当喷淋尾水温度等于空气露点温度是，发生 A—2 过程。此时因 $t_w=t_s<t$ 和 $P_{q2}=P_{qA}$，空气被等湿冷却。

A—3 过程：当喷淋尾水温度高于露点温度而低于空气湿球温度时，发生 A—3 过程。此时因 $t_1<t_w<t_s$ 和 $P_{q3}>P_{qA}$，空气被冷却加湿。

A—4 过程：当喷淋尾水温度等于空气湿球温度时，发生 A—4 过程。此时由于等湿球温度线与等焓线相近，可近似认为空气状态沿等焓线变化而被加湿。在该过程中，因总热交换量为零，且 $t_w=t_s<t$ 和 $P_{q4}>P_{qA}$，空气减小的显热量与增加的潜热量相等。

A—5 过程：当喷淋尾水温度高于空气湿球温度而低于空气干球温度时，发生 A—5 过程。此时因 $t_s < t_w < t$ 和 $P_{q5} > P_{qA}$，空气被冷却加湿。

A—6 过程：当喷淋尾水温度等于空气干球温度时，发生 A—6 过程。此时因 $t_w = t$ 和 $P_{q6} > P_{qA}$，空气喷淋过程不发生显热交换，空气被等温加湿。

A—7 过程：当喷淋尾水温度高于空气干球温度时，发生 A—7 过程。此时因 $t_w > t$ 和 $P_{q7} > P_{qA}$，空气被加热加湿。

在水电站无压尾水洞夏季低温尾水喷淋空气处理过程中，尾水温度通常低于喷淋装置入口空气的露点温度，因此在喷淋处理过程中空气被冷却除湿，即发生 A—1 处理过程。

在无压尾水洞低温的实际喷淋处理过程中，因喷水量有限，空气与尾水的接触时间也不可能无限长，因此空气状态和水温都是不断变化的，而且经喷淋后的空气状态也难以达到饱和，所以在喷淋装置内其实际空气状态变化过程并非一条直线，而是曲线；同时该曲线的弯曲形状与空气与水滴的相对运动方向有关，如图 9-3 所示。其中图 9-3(a) 为顺流，图 9-3(b) 为逆流时的情况。

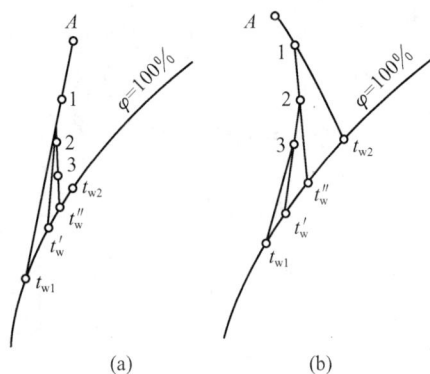

图 9-3　喷淋室处理空气的实际过程

由图可见，无论是在顺流还是逆流情况下，低温尾水喷淋处理过程的空气状态变化过程都不是直线，而是曲线，而且如果接触时间充分，在顺流时空气终状态将等于尾水终温；在逆流时，空气终状态将等于尾水初温。但在实际喷淋过程中，无论是顺喷还是逆喷，水滴与空气的运动方向都不是纯粹的顺流或逆流，而是比较复杂的平叉流动；同时实际喷淋过程中空气与水滴的接触时间是有限的，因此，经喷淋后的空气难以达到与尾水的终温（顺流）或初温（逆流）相等的饱和状态。

9.3.2　空气喷淋过程的热湿交换模型

在采用低温尾水的空气喷淋处理过程中，空气与水之间热湿交换过程是十分复杂的，如从喷嘴中喷射出的水滴大小与粒径分布是随喷嘴型式、水压、喷嘴孔径、喷嘴密度和喷射方向等的不同而变化的，且不同粒径的水滴表面饱和水汽压力、飞行路径和速度均不相同。因此，在喷淋装置的某一断面上水滴温度场的分布是不均匀的。另外，由于喷淋装置尺寸有限，水滴从喷嘴中喷射出来后，较大粒径的水滴直接冲击壁面及尾水表面，并非所有喷射水滴均通过喷淋装置横断面，故空气在喷淋装置中不仅与大量喷射出的水滴相接触，同时也与尾水表面、洞壁面向下流动的水膜相接触。

因喷淋装置中空气的热湿处理过程的复杂性,目前的研究方法主要分为两类[1]:一是采用半经验法,即先建立反映过程特性的理论模型,推导出一系列含有经验系数的公式,然后根据实验确定模型中的有关系数,得出模型公式的数值解或解析解;另一类是经验法,即针对某一特定设备或设备中的热质交换过程进行实验,然后对实验数据进行分析处理,得出实验结果的拟合公式或多元回归式。半经验类结果能在反映热湿交换过程的物理本质,具有通用性,不足之处是方程式复杂;经验类得出的公式简单,但只适用于某一特定情形,应用受到局限。

1. 递流与顺流式水-空气处理系统模型

本章将在对喷淋过程热力特性分析基础上,建立低温尾水喷淋过程的数学模型。低温尾水喷淋装置原理如图 9-4 所示,喷淋装置的横截面积为 A,长为 X。为简化模型的建立,提出如下几点假设:

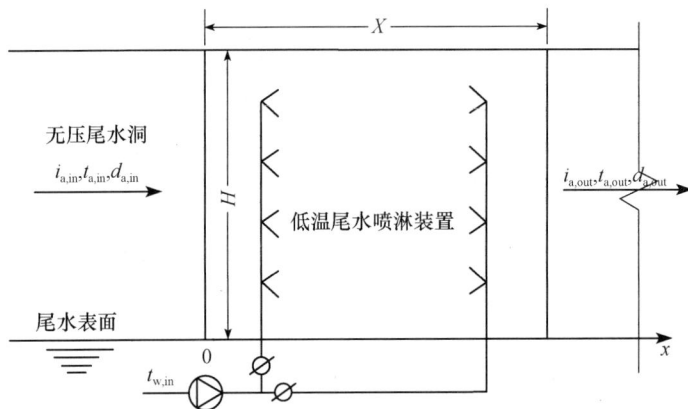

图 9-4　无压尾水洞低温尾水空气喷淋过程示意图

(1) 喷嘴喷出的液滴为球形,液滴速度恒定,且在液滴下落过程中液滴直径变化不大;

(2) 液滴的毕渥数 $Bi < 0.1$,故液滴的换热采用集总参数法处理;

(3) 液滴表面的空气层为液滴温度的饱和湿空气,其焓值为 $i_w(t_w)$;

(4) 忽略通过喷淋装置边界(即尾水洞壁面)的热湿传递损失;

(5) 空气喷淋处理过程符合刘易斯关系式 $Le \approx 1$,即 $\alpha/\beta = c_{pa}$;

(6) 每个液滴的传质系数与单个液滴的传质系数具有类似的准则公式,其对流传质系数可用对单滴适用的公式[2]:

$$Sh = 0.6Re^{1/2}Sc^{1/3} \tag{9-1}$$

在 20℃条件下,水蒸气在空气中的扩散系数 $D_{iff} = 2.45 \times 10^{-5} \text{m}^2/\text{s}$,空气的运

动黏滞系数 $\nu = 1.511 \times 10^{-5}\,\mathrm{m^2/s}$，$Sc = 0.616$，因此由式(9-1)可得到对流传质系数为

$$\beta = \frac{Sh D_{\mathrm{iff}}}{d_{\mathrm{m}}} = 3.57 \times 10^{-3} \left(\frac{u_{\mathrm{w}}}{d_{\mathrm{m}}}\right)^{\frac{1}{2}} \tag{9-2}$$

（7）在不大的温度区间（<15℃），i_{w} 和 t_{w} 可近似表示为线性关系，即 $i_{\mathrm{w}} = c_1 t_{\mathrm{w}} - c_2$，同理，$i_{\mathrm{a}} = c_1 t_{\mathrm{wb}} - c_2$，其中 $c_1 = 3.43078$，$c_2 = 10.27$；在较大温度区间，i_{w} 和 t_{w} 可分段线性处理[3,4]。

在工程应用过程中，无压尾水洞的低温尾水一般含有泥沙。因此，为防止喷淋装置喷嘴的泥沙堵塞，可采用 PX-I 型大孔径离心式喷嘴。由文献[5]可知，PX-I 型喷嘴喷出的当量液滴直径 $d_{\mathrm{m}}(\mu\mathrm{m})$ 与喷水压力 $P(\mathrm{bar})$ 及喷嘴孔径 $d_{\mathrm{o}}(\mathrm{mm})$ 之间的关系为

$$d_{\mathrm{m}} = 107.372 P^{-0.123} d_{\mathrm{o}}^{0.458} \tag{9-3}$$

因此，在喷淋装置的水-空气处理系统中单位时间产生的粒径为 d_{m} 的液滴数为

$$n = \frac{W}{\frac{1}{6}\pi d_{\mathrm{m}}^3 \rho_{\mathrm{w}}} \tag{9-4}$$

液滴在水-空气处理系统中的体积分布密度为

$$N_{\mathrm{d}} = n\frac{X}{u_{\mathrm{w}}}\frac{1}{XHL} = n\frac{1}{u_{\mathrm{w}}HL} \tag{9-5}$$

因在喷淋装置中只有顺流式（即顺喷）和逆流式（即逆喷）水-空气处理系统的热湿交换数学模型可通过解析法求解，故本章仅对顺流与逆流系统的数学模型进行阐述。

（1）液滴的气-水交界面饱和空气与主流空气间的湿交换

$$\mathrm{d}W = \beta N_{\mathrm{d}}\mathrm{d}VS(d_{\mathrm{w,sat}} - d_{\mathrm{a}}) \tag{9-6}$$

（2）液滴的气-水交界面饱和空气与主流空气间的显热交换

$$\mathrm{d}Q_{\mathrm{x}} = \alpha N_{\mathrm{d}}\mathrm{d}VS(t_{\mathrm{w}} - t_{\mathrm{a}}) \tag{9-7}$$

因此，在液滴的气-水交界面饱和空气与主流空气间的总热交换量为

$$\begin{aligned}
\mathrm{d}Q_{\mathrm{t}} &= \mathrm{d}Q_{\mathrm{x}} + r\mathrm{d}W = \alpha N_{\mathrm{d}}\mathrm{d}VS(t_{\mathrm{w}} - t_{\mathrm{a}}) + r\beta N_{\mathrm{d}}\mathrm{d}VS(d_{\mathrm{w,sat}} - d_{\mathrm{a}}) \\
&= N_{\mathrm{d}}\mathrm{d}VS[(\alpha t_{\mathrm{w}} + r\beta d_{\mathrm{w,sat}}) - (\alpha t_{\mathrm{a}} + r\beta d_{\mathrm{a}})]
\end{aligned} \tag{9-8}$$

由式(4-12)~式(4-14)可将式(9-8)表示为

$$\mathrm{d}Q_{\mathrm{t}} = \beta N_{\mathrm{d}}\mathrm{d}VS(i_{\mathrm{w}} - i_{\mathrm{a}}) \tag{9-9}$$

而在液滴表面液滴失去的热量应与其传给空气的热量相等，即由式(9-9)可得

$$\frac{\mathrm{d}t_{\mathrm{w}}}{i_{\mathrm{w}} - i_{\mathrm{a}}} = \pm \frac{\beta N_{\mathrm{d}} \mathrm{d}VS}{Wc_{\mathrm{pw}}} \tag{9-10}$$

（3）喷淋装置中空气与液滴之间的能量平衡关系

$$Wc_{\mathrm{pw}}\mathrm{d}t_{\mathrm{w}} = \pm G_{\mathrm{a}}\mathrm{d}i_{\mathrm{a}} \tag{9-11}$$

设喷水系数 $\mu = W/G_{\mathrm{a}}$，则式（9-11）可改写为

$$\mu c_{\mathrm{pw}}\mathrm{d}t_{\mathrm{w}} = \pm \mathrm{d}i_{\mathrm{a}} \tag{9-12}$$

（4）喷淋装置中空气与液滴之间的湿平衡关系

$$G_{\mathrm{a}}\mathrm{d}(d_{\mathrm{a}}) = \beta N_{\mathrm{d}}\mathrm{d}VS(d_{\mathrm{w,sat}} - d_{\mathrm{a}}) \tag{9-13}$$

在式（9-10）～式（9-12）中，当喷淋系统为逆流式时为"＋"号，当为顺流式时为"－"号。

边界条件为

对顺流式：

$$x = 0, i_{\mathrm{a}} = i_{\mathrm{a,in}}, t_{\mathrm{w}} = t_{\mathrm{w,in}}, d_{\mathrm{a}} = d_{\mathrm{a,in}}, d_{\mathrm{w,sat}} = d_{\mathrm{sat}}(t_{\mathrm{w,in}}) \tag{9-14}$$

对逆流式：

$$x = 0, i_{\mathrm{a}} = i_{\mathrm{a,in}}, d_{\mathrm{a}} = d_{\mathrm{a,in}}; x = X, t_{\mathrm{w}} = t_{\mathrm{w,in}}, d_{\mathrm{w,sat}} = d_{\mathrm{sat}}(t_{\mathrm{w,in}}) \tag{9-15}$$

上述各式中：S 为液滴的表面积，$S = \pi d_{\mathrm{m}}^2$，m^2；α 为对流换热系数，$\mathrm{W}/(\mathrm{m}^2 \cdot {}^{\circ}\mathrm{C})$；$\beta$ 为以含湿量差为推动力的质传递系数，$\mathrm{kg}/(\mathrm{m}^2 \cdot \mathrm{s})$；$W$ 为喷水量，$\mathrm{kg/s}$；G_{a} 为空气的质量流量，$\mathrm{kg/s}$；V 为喷淋系统的有效体积，$V = H \times X \times L$，m^3；H 为喷淋装置高度，m；X 为喷淋段长度，m；L 为喷淋段宽度，m。

在喷淋系统中因逆流式与顺流式水-空气处理系统的热湿交换过程不同，现分别对逆流式及顺流式系统进行推导。

（1）逆流式喷淋系统。

对式（9-12）积分，并将 $i_{\mathrm{a,in}} = c_1 t_{\mathrm{wb,in}} - c_2$ 及 $i_{\mathrm{w}} = c_1 t_{\mathrm{w}} - c_2$ 代入可得

$$i_{\mathrm{w}} - i_{\mathrm{a}} = (c_1 - \mu c_{\mathrm{pw}})t_{\mathrm{w}} - c_1 t_{\mathrm{wb,in}} + \mu c_{\mathrm{pw}}t_{\mathrm{w,out}} \tag{9-16}$$

设喷淋过程的传热单元数 $\mathrm{NTU} = \beta N_{\mathrm{d}}VS/(Wc_{\mathrm{pw}}) = 6ShD_{iff}X/(\rho_{\mathrm{w}}c_{\mathrm{pw}}d_{\mathrm{m}}^2 u_{\mathrm{w}})$，并将式（9-16）代入式（9-10）积分可得

$$t_{\mathrm{w,in}} - t_{\mathrm{w,out}} = \left(t_{\mathrm{w,out}} - \frac{c_1 t_{\mathrm{wb,in}}}{c_1 - \mu c_{\mathrm{pw}}} + \frac{\mu c_{\mathrm{pw}}}{c_1 - \mu c_{\mathrm{pw}}}t_{\mathrm{w,out}}\right)[\mathrm{e}^{(c_1 - \mu c_{\mathrm{pw}})\mathrm{NTU}} - 1] \tag{9-17}$$

从而得到

$$t_{\mathrm{w,out}} = \frac{t_{\mathrm{w,in}} + \dfrac{c_1 t_{\mathrm{wb,in}}}{c_1 - \mu c_{\mathrm{pw}}}[\mathrm{e}^{(c_1 - \mu c_{\mathrm{pw}})\mathrm{NTU}} - 1]}{\mathrm{e}^{(c_1 - \mu c_{\mathrm{pw}})\mathrm{NTU}} + \dfrac{\mu c_{\mathrm{pw}}}{c_1 - \mu c_{\mathrm{pw}}}[\mathrm{e}^{(c_1 - \mu c_{\mathrm{pw}})\mathrm{NTU}} - 1]} \tag{9-18}$$

$$\begin{cases} t_{\mathrm{w,in}} - t_{\mathrm{w,out}} = m_1 t_{\mathrm{w,in}} + m_2 \\[2mm] m_1 = \dfrac{\left[e^{(c_1 - \mu c_{\mathrm{pw}})\mathrm{NTU}} - 1 \right]\left(1 + \dfrac{\mu c_{\mathrm{pw}}}{c_1 - \mu c_{\mathrm{pw}}} \right)}{e^{(c_1 - \mu c_{\mathrm{pw}})\mathrm{NTU}} + \dfrac{\mu c_{\mathrm{pw}}}{c_1 - \mu c_{\mathrm{pw}}}\left[e^{(c_1 - \mu c_{\mathrm{pw}})\mathrm{NTU}} - 1 \right]} \\[4mm] m_2 = \dfrac{\dfrac{c_1 t_{\mathrm{wb,in}}}{c_1 - \mu c_{\mathrm{pw}}}\left[1 - e^{(c_1 - \mu c_{\mathrm{pw}})\mathrm{NTU}} \right]}{e^{(c_1 - \mu c_{\mathrm{pw}})\mathrm{NTU}} + \dfrac{\mu c_{\mathrm{pw}}}{c_1 - \mu c_{\mathrm{pw}}}\left[e^{(c_1 - \mu c_{\mathrm{pw}})\mathrm{NTU}} - 1 \right]} \end{cases} \qquad (9\text{-}19)$$

将式(9-19)代入式(9-16)可得到出口空气的焓值及湿球温度分别为

$$i_{\mathrm{a,out}} = i_{\mathrm{a,in}} + \mu c_{\mathrm{pw}}(m_1 t_{\mathrm{w,in}} + m_2) \qquad (9\text{-}20)$$

$$t_{\mathrm{wb,out}} = \frac{i_{\mathrm{a,in}} + c_2}{c_1} + \frac{\mu c_{\mathrm{pw}}(m_1 t_{\mathrm{w,in}} + m_2)}{c_1} \qquad (9\text{-}21)$$

对式(9-13)积分可得到出口空气的含湿量为

$$d_{\mathrm{a,out}} = d_{\mathrm{sat}}(t_{\mathrm{w,in}}) - \left[d_{\mathrm{sat}}(t_{\mathrm{w,out}}) - d_{\mathrm{a,in}} \right] e^{-\frac{\beta N_{\mathrm{d}} SV}{G_{\mathrm{a}}}} \qquad (9\text{-}22)$$

(2) 顺流式喷淋系统。

在顺流式水-空气处理系统中,其推导过程同逆流式系统,经推导可得到

$$i_{\mathrm{a,out}} = i_{\mathrm{a,in}} - \mu c_{\mathrm{pw}}(t_{\mathrm{w,out}} - t_{\mathrm{w,in}}) \qquad (9\text{-}23)$$

$$t_{\mathrm{w,in}} - t_{\mathrm{w,out}} = \left[\left(1 - \frac{\mu c_{\mathrm{pw}}}{c_1 + \mu c_{\mathrm{pw}}} \right) t_{\mathrm{w,in}} - \frac{c_1 t_{\mathrm{wb,in}}}{c_1 + \mu c_{\mathrm{pw}}} \right]\left[1 - e^{-(c_1 + \mu c_{\mathrm{pw}})\mathrm{NTU}} \right] \qquad (9\text{-}24)$$

$$\begin{aligned} t_{\mathrm{w,out}} = &\frac{\mu c_{\mathrm{pw}}}{c_1 + \mu c_{\mathrm{pw}}} t_{\mathrm{w,in}} + \frac{c_1 t_{\mathrm{wb,in}}}{c_1 + \mu c_{\mathrm{pw}}} \\ &+ \left[\left(1 - \frac{\mu c_{\mathrm{pw}}}{c_1 + \mu c_{\mathrm{pw}}} \right) t_{\mathrm{w,in}} - \frac{c_1 t_{\mathrm{wb,in}}}{c_1 + \mu c_{\mathrm{pw}}} \right] e^{-(c_1 + \mu c_{\mathrm{pw}})\mathrm{NTU}} \end{aligned} \qquad (9\text{-}25)$$

将式(9-24)代入式(9-23)可得顺流喷淋系统出口空气的焓值为

$$i_{\mathrm{a,out}} = i_{\mathrm{a,in}} + \mu c_{\mathrm{pw}}\left[\left(1 - \frac{\mu c_{\mathrm{pw}}}{c_1 + \mu c_{\mathrm{pw}}} \right) t_{\mathrm{w,in}} - \frac{c_1 t_{\mathrm{wb,in}}}{c_1 + \mu c_{\mathrm{pw}}} \right]\left[1 - e^{-(c_1 + \mu c_{\mathrm{pw}})\mathrm{NTU}} \right]$$

$$(9\text{-}26)$$

对式(9-13)积分可得到出口空气的含湿量为

$$d_{\mathrm{a,out}} = d_{\mathrm{sat}}(t_{\mathrm{w,out}}) - \left[d_{\mathrm{sat}}(t_{\mathrm{w,in}}) - d_{\mathrm{a,in}} \right] e^{-\frac{\beta N_{\mathrm{d}} SV}{G_{\mathrm{a}}}} \qquad (9\text{-}27)$$

因此,根据湿空气焓值计算公式 $i_{\mathrm{a}} = 1.01 t_{\mathrm{a}} + d_{\mathrm{a}}(2501 + 1.84 t_{\mathrm{a}})$ 和式(9-20)、式(9-22)及式(9-26)、式(9-27)可得到逆流式与顺流式水-空气处理系统的出口空气温度分别如式(9-28)及式(9-29)所示。

$$t_{a,out} = \frac{i_{a,in} + \mu c_{pw}(m_1 t_{w,in} + m_2) - 2501\{d_{sat}(t_{w,in}) - [d_{sat}(t_{w,out}) - d_{a,in}]e^{-\frac{\beta N_d SV}{G_a}}\}}{1.01 + 1.84\{d_{sat}(t_{w,in}) - [d_{sat}(t_{w,out}) - d_{a,in}]e^{-\frac{\beta N_d SV}{G_a}}\}}$$

$$(9\text{-}28)$$

$$t_{a,out} = \frac{i_{a,in} + \mu c_{pw}\left[\left(1 - \frac{\mu c_{pw}}{c_1 + \mu c_{pw}}\right)t_{w,in} - \frac{c_1 t_{wb,in}}{c_1 + \mu c_{pw}}\right][1 - e^{-(c_1 + \mu c_{pw})NTU}]}{1.01 + 1.84\{d_{sat}(t_{w,out}) - [d_{sat}(t_{w,in}) - d_{a,in}]e^{-\frac{\beta N_d SV}{G_a}}\}}$$

$$- \frac{2501\{d_{sat}(t_{w,out}) - [d_{sat}(t_{w,in}) - d_{a,in}]e^{-\frac{\beta N_d SV}{G_a}}\}}{1.01 + 1.84\{d_{sat}(t_{w,out}) - [d_{sat}(t_{w,in}) - d_{a,in}]e^{-\frac{\beta N_d SV}{G_a}}\}}$$

$$(9\text{-}29)$$

至此,在水-空气热湿交换理论分析的基础上,建立了逆流式及顺流式低温尾水喷淋过程的数学模型并得出了模型的解析解,应用该模型在已知喷淋装置结构、入口空气参数、喷淋尾水温度等条件下可计算出喷淋装置出口空气的焓值、含湿量及其他各参数。

2. 对喷式水-空气处理系统模型

结合图 9-4,在建立对喷式水-空气处理过程数学模型时,作如下假设:

(1) 气、水流动不随时间变化;

(2) 水-空气间的质交换仅在 X-Y 平面上变化;

(3) 对于在给定喷淋室及工况条件下,喷淋过程的传质系数恒定;

(4) 认为水的表面温度与内部温度相同,不考虑水侧热阻;

(5) 水膜外饱和空气侧的温度与水温相同。

由于气-水直接接触面积难以确定,故以喷淋室的单位体积所具有的接触面积来计算。传热及传质总面积 A_h 和 A_m 分别为

$$A_h = a_h AX \tag{9-30}$$

$$A_m = a_m AX \tag{9-31}$$

式中:a_h、a_m 分别为单位体积的传热、传质面积,m^2/m^3,在喷淋系统中可近似认为二者相等。在喷水室的空气-水直接接触热湿交换过程中,a_h、a_m 的数值与喷嘴形式、尺寸、喷水压力及喷淋室尺寸等参数有关。对于传统的气-液传质设备(如喷淋室、填料塔等),其值可按式(9-32)计算[6]:

$$a_m = a_h = \frac{0.0768 + 1.74W}{\beta} \tag{9-32}$$

(1) 气-水交界面饱和空气与主流空气间的质交换

$$-dW = G_a d(d_a) = \beta a_m(d_{b,sat} - d_a)Adx \tag{9-33}$$

(2) 气-水交界面饱和空气与主流空气间的显热交换

$$G_a c_{pa} dt_a = \alpha a_h (t_{b,sat} - t_a) A dx \tag{9-34}$$

（3）气-水间的总热交换量

$$G_a [c_{pa} dt_a + r d(d_a)] = [\beta a_m (d_{b,sat} - d_a) + \alpha a_h (t_{b,sat} - t_a)] A dx \tag{9-35}$$

对水-空气系统，刘易斯数 $Le \approx 1$，即 $\alpha = c_{pa}\beta$，则

$$G_a di_a = \alpha a_m (i_{b,sat} - i_a) A dx \tag{9-36}$$

（4）气-水处理系统的能量平衡

在所论微元段内，进出微元体的喷淋水热量损失为

$$dQ = W c_{pw} dt_w - c_{pw} t_w dG_w \tag{9-37}$$

空气-水喷淋系统的热平衡方程为

$$G_a di_a = W c_{pw} dt_w - c_{pw} t_w dW \tag{9-38}$$

在空气-水喷淋过程中，可近似认为 $t_w = t_{b,sat}$，$d_{b,sat} = d_{sat}(t_w)$，则由式（9-33）～式（9-38）可得如下方程：

$$\frac{dt_a}{dx} = \frac{A\alpha a_h}{G_a c_{pa}} (t_w - t_a) \tag{9-39}$$

$$\frac{dd_a}{dx} = \frac{A\beta a_m}{G_a} [d_{sat}(t_w) - d_a] \tag{9-40}$$

$$\frac{dt_w}{dx} = \frac{A\beta a_m r}{W c_{pw}} [d_{sat}(t_w) - d_a] + \frac{A\alpha a_h}{W c_{pw}} (t_w - t_a) \tag{9-41}$$

上述方程中空气-水间的质交换系数 β 可由文献[7]计算：

$$\beta = 3.926 G_w^{0.1607} G_a^{1.290} \tag{9-42}$$

式（9-39）～式（9-42）构成封闭方程组，可对喷淋过程进行理论求解。

9.4　对喷式空气喷淋过程的实验验证

9.4.1　实验系统简介

目前对空气喷淋过程的理论与实验研究较多，本项目主要对对喷式空气喷淋过程的数学模型进行验证。该实验系统在南京理工大学暖通实验室原有实验台基础上的改造，实验流程如图 9-5 所示。该实验系统主要由空气预处理系统、喷淋系统、水温及风量控制系统及测试系统构成。

1. 空气预处理系统

空气预处理系统主要由空气流量测量段、空气预处理段组成。空气流量采用标准流量喷嘴流量计测量，如图 9-6 所示。

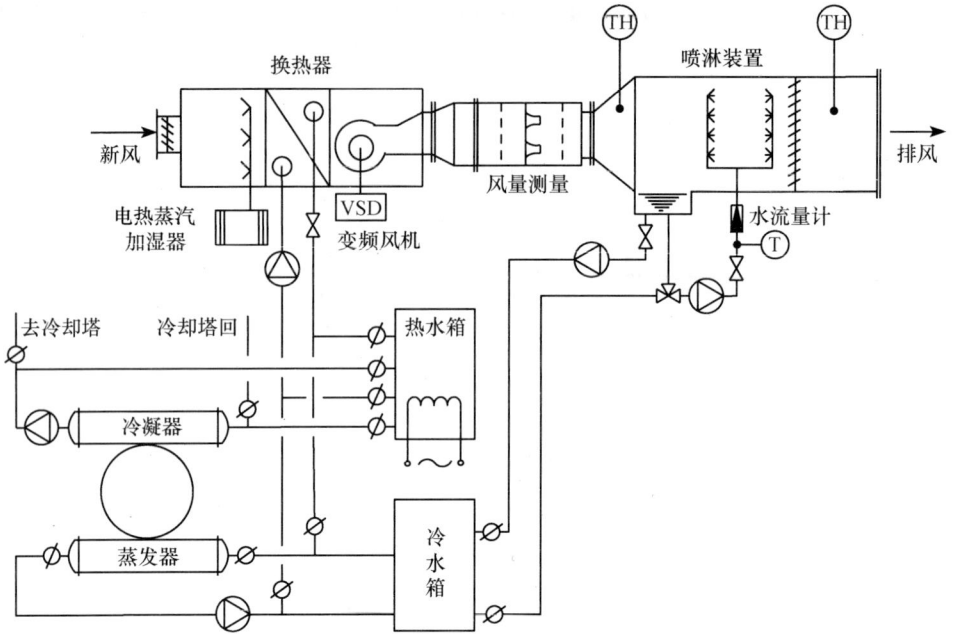

图 9-5　实验方案原理图

图 9-6　空气流量测量喷嘴

对于不可压缩流体,流过单个喷嘴的风量按

$$L = aF_。\sqrt{\frac{2\Delta P}{\rho}} \tag{9-43}$$

式中:L 为通过单个喷嘴的空气体积流量,m^3/s;α 为喷嘴流量系数,可查表,如表 9-2 所示;$F_。$ 为喷嘴的开口面积,m^2;ΔP 为喷嘴前后的静压差,Pa;ρ 为喷嘴入口湿空气密度,kg/m^2。

表 9-2　喷嘴流量系数

$Re/\times10^3$	a	$Re/\times10^3$	a	$Re/\times10^3$	a
40.00	0.973	80.00	0.983	250.00	0.993
50.00	0.977	100.00	0.985	300.00	0.994
60.00	0.979	150.00	0.988	350.00	0.994
70.00	0.981	200.00	0.991		

空气预处理段主要对喷淋室入口空气加热、加湿处理,以实现对入口空气参数的控制。在此段设有 6 根 1.5kW 电加热和热水加热器、蒸汽加湿装置,如图 9-7 所示。为了使空气参数和空气速度场均匀,在风机出口处设有混合装置和整流铝板(直径为 5mm,其孔隙率约为 40%)。

图 9-7　空气预处理段

2. 喷淋处理系统

喷淋处理系统为一对喷式喷淋室,尺寸为 0.6m×0.9m,喷嘴采用德州亚通空调设备有限公司生产的 Y-1 离心喷嘴,喷嘴孔径 3mm,布置双排对喷,共布置 12 个喷嘴,喷嘴间距为 0.24m,如图 9-8～图 9-10 所示。

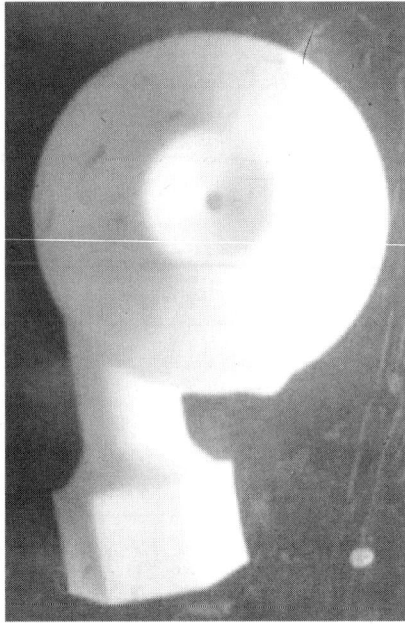

图 9-8　喷嘴

图 9-9　空气喷淋处理段

3. 水温及风量控制系统

实验中喷淋水温控制主要由冷水机组提供低温冷冻水及喷淋回水混水方式控制,冷水箱如图 9-11 所示。冷水由冷水机组的浸没式蒸发器提供,在冷水箱中并设有三组 1kW 电加热器以控制水温。喷淋系统风量由变频风机进行控制。

图 9-10　喷嘴布置示意图

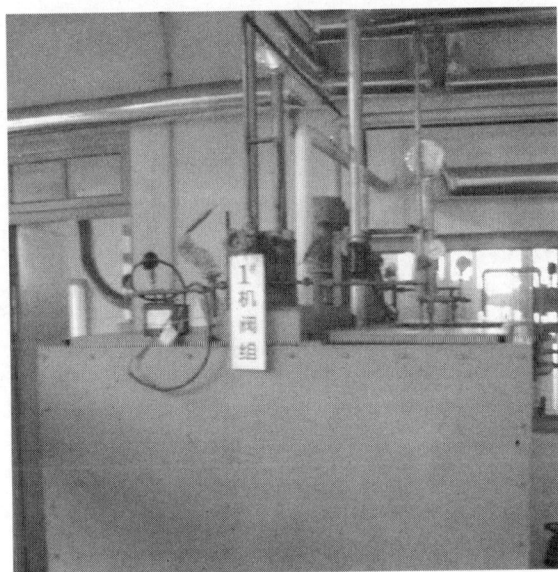

图 9-11　冷水箱

4. 参数测试系统

　　参数测试系统主要包括喷嘴进出口空气参数测量、喷淋水温测量及喷淋水量测量等。喷嘴前后空气温度与湿度通过断面采样器采样后用干湿球温度计进行测量，如图 9-12 所示，干湿球温度计（水银温度计）的精度为 $\pm0.2℃$，分辨率为 $0.1℃$。喷淋水温采用水银温度计测量，精度同干湿球温度计。喷淋水量采用 LW-15 涡轮流量计测量，精度为 $\pm5\%$。

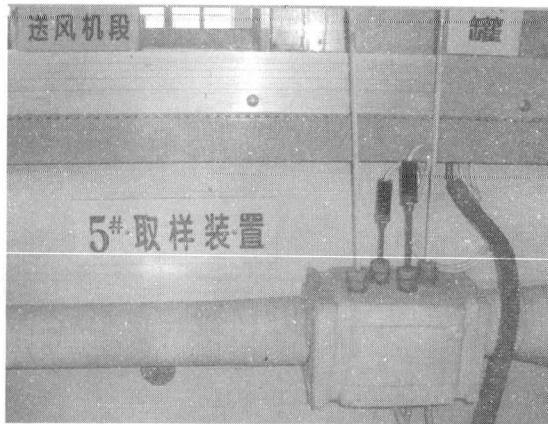

图 9-12　干湿球温度计测量空气参数

实验方法：

（1）通过调节变频器及水泵出口阀门分别将风量，水量调到工况指定参数，然后调节水温和空气初参数；

（2）当同一点温度计的读值在 5min 内的变化不超过±0.2℃时，即认为系统进入稳定运行状态，可以进行工况测量，读取数据；

（3）实验测量数据主要有水流量 W、水初温 t_{w1}；空气入口干湿球温度 t_1、t_{s1}；空气出口干湿球温度 t_2、t_{s2}；空气流经喷嘴前后压差 ΔP。

图 9-13 为喷淋室喷淋过程过程照片。

图 9-13　空气喷淋过程

9.4.2　实验验证

对喷淋水温分别为 16℃、18℃、20℃，入口空气温度分别为 28℃、26℃、24℃及引风风速分别为 1.0m/s、2.0m/s 等 18 个工况进行了实验测试,实验测试与模型计算结果比较如表 9-3、表 9-4 所示。

表 9-3 风速为 2.0m/s 时计算与实测结果比较

水温/℃		16.00			18.00			20.00		
入口空气参数	t_1/℃	28.00	26.00	24.00	28.00	26.00	24.00	28.00	26.00	24.00
	d_1/(g/kg)	13.50	13.24	12.99	14.25	13.66	13.27	14.25	14.82	14.53
	φ_1/%	56.00	62.10	68.70	59.30	64.00	70.10	59.30	69.30	76.60
实测出口空气参数	t_2/℃	21.40	19.80	19.20	21.20	20.30	18.82	23.30	22.70	22.10
	d_2/(g/kg)	13.04	12.95	12.61	14.34	14.05	13.47	16.29	15.67	15.51
	φ_2/%	80.70	91.80	93.50	89.70	92.90	95.40	94.90	94.80	97.40
计算出口空气参数	t/℃	19.62	18.63	18.08	20.50	19.38	19.02	21.98	21.31	20.76
	d/(g/kg)	14.40	13.41	12.97	14.92	14.13	13.52	16.13	15.30	15.09
	φ/%	97.60	96.60	97.30	97.30	96.40	96.10	95.90	94.90	96.80

表 9-4 风速为 1.0m/s 时计算与实测结果比较

水温/℃		16.00			18.00			20.00		
入口空气参数	t_1/℃	28.00	26.00	24.00	28.00	26.00	24.00	28.00	26.00	24.00
	d_1/(g/kg)	15.61	14.97	14.82	17.02	15.12	13.40	18.16	17.10	15.99
	φ_1/%	64.80	70.00	78.10	70.60	70.70	70.80	75.10	79.70	84.10
实测出口空气参数	t_2/℃	20.80	19.64	18.60	21.50	20.70	20.00	22.50	22.10	22.00
	d_2/(g/kg)	14.00	13.42	13.34	15.34	15.01	14.86	16.34	15.93	15.92
	φ_2/%	95.50	96.30	98.10	100.00	99.10	100.00	100.00	100.00	100.00
计算出口空气参数	t/℃	19.12	18.51	18.26	19.88	19.18	19.54	21.08	20.78	20.76
	d/(g/kg)	13.53	13.00	13.05	14.86	14.32	14.04	15.55	15.33	15.39
	φ/%	96.30	96.30	98.10	99.90	92.50	92.00	92.90	94.40	95.80

由表 9-3 和表 9-4 的比较结果可以看出,除表 9-3 中的第一测试工况实测出口空气参数与计算值相差较大外,其余各工况出口空气参数的计算与实测结果均吻合较好,偏差均在 10% 以内,满足工程计算的精度要求。

9.5 二次喷淋串联处理过程的引风参数计算

因受电站通风空调系统送风参数及有限长度条件下无压尾水洞对空气处理能力的限制,在本章 9.2 节提出采用低温尾水对无压尾水洞引风出口空气进行二次喷淋处理的技术措施,以实现对尾水洞引风参数的有效控制,使其满足电站通风空调系统的送风参数要求,真正实现电站通风空调系统的"无冷机"运行;同时突破尾水洞长度对无压尾水洞引风技术应用的限制,拓展其应用范围。

根据9.3节建立的喷淋装置空气处理过程的数学模型及其解析解可知,在已知喷淋装置结构及入口空气参数、风量、喷淋水温、水量等条件下便可应用式(9-20)~式(9-29)计算出喷淋装置出口空气的参数。而喷淋装置的入口空气参数(即无压尾水洞引风出口空气参数)是受无压尾水洞结构、引风量、入口空气参数、尾水参数等多因素的综合影响。因此,在无压尾水洞引风与低温尾水喷淋的串级空气处理系统中,作为第一级的无压尾水洞引风参数对第二级的喷淋处理过程产生直接的影响。

在第8章建立了有限长度无压尾水洞引风过程的改进模型,并提出了基于改进模型的无压尾水洞引风过程的热工计算方法。因此,在无压尾水洞引风与低温尾水喷淋的串级空气处理系统中,其最终的处理空气参数可按无压尾水洞引风参数计算方法及式(9-20)~式(9-29)进行综合计算,即应用式(8-12)和式(8-15)分别计算在无压尾水洞结构参数一定条件下无压尾水洞引风出口空气的焓值 $i_a(Y)$ 及含湿量 $d_a(Y)$,然后以该参数作为喷淋装置的入口空气参数,即令 $i_{a,in}=i_a(Y)$,$d_{a,in}=d_a(Y)$,即

$$i_{a,in} = i_a(Y) = i_{w,sat} + [i_a(0) - i_{w,sat}]\exp\left(-\frac{\beta_w}{m_a}Y\right) \tag{9-44}$$

$$d_{a,in} = d_a(Y) = \frac{\beta_b U d_{b,sat}(Y) + \beta_w L d_{w,sat}}{\beta_b U + \beta_w L}$$

$$+ \left[d_a(0) - \frac{\beta_b U d_{b,sat}(Y) + \beta_w L d_{w,sat}}{\beta_b U + \beta_w L}\right]\exp\left(-\frac{\beta_b U + \beta_w L}{m_a}Y\right) \tag{9-45}$$

将式(9-44)及式(9-45)代入式(9-20)~式(9-29)便可得到在无压尾水洞及喷淋装置结构一定条件下二次处理后的最终空气参数。

9.6　无压尾水洞引风与二次喷淋串联系统的运行特性

在无压尾水洞引风与低温尾水二次喷淋串联的空气处理系统中,影响空气最终处理状态的因素是多方面且相互影响的。在第5章我们已分析了引风风速、尾水流速、入口空气参数及尾水温度等参数对无压尾水洞引风热湿交换特性的影响;在低温尾水二次喷淋空气处理系统中,影响喷淋装置热交换效果的因素则主要有喷淋装置的结构、空气的质量流量、喷水系数及空气与水的初参数等。而在无压尾水洞引风与低温尾水二次喷淋串联空气处理过程中,上述各因素都会影响空气的最终处理状态;且在无压尾水洞及喷淋装置结构、无压尾水洞引风入口空气及尾水参数一定条件下,可通过调节无压尾水洞的引风量、喷淋装置的喷淋水量(即喷水系数)等对串联空气处理系统的出口空气状态进行控制与调节。

　　为便于分析无压尾水洞引风与低温尾水二次喷淋串联系统的运行特性,引入串联空气处理系统传热效率 E_f 指标来评定尾水洞引风与二次喷淋系统的热湿交换效率。传热效率 E_f 定义为空气在串联空气处理系统前后的焓差($i_{a,inlet} - i_{a,out}$)除以入口空气的焓 $i_{a,inlet}$ 与温度等于尾水温度时饱和空气的焓值 $i_{w,sat}$ 之差,即[6]

$$E_f = \frac{i_{a,inlet} - i_{a,out}}{i_{a,inlet} - i_{w,sat}} \tag{9-46}$$

　　由式(9-46)可知,串联空气处理系统的传热效率 E_f 的值仅与空气的初、终状态及尾水温度有关,通过计算串联空气处理系统的传热效率 E_f,便可分析二次喷淋串联系统对空气处理的完善程度。

　　为分析无压尾水洞引风与低温尾水二次喷淋串联空气处理系统的运行特性,设定无压尾水洞长度为 100m,宽度为 7m,洞内空气流通面积为 $30m^2$,尾水温度为 16℃,尾水流速为 3.8m/s,尾水洞入口空气干球温度为 32℃,相对湿度为 75%;喷嘴为孔径 d_o=5mm 的 PX-I 型离心式喷嘴,采用逆流单排喷射。在该设定条件下对串联空气处理系统在不同引风量 G_a(引风风速 u_a)、喷水系数 μ、喷水压力 P 及喷淋装置位置情况下的运行特性进行计算分析。

9.6.1　引风量对串联系统运行特性的影响

　　在计算分析不同引风量条件下无压尾水洞引风与低温尾水二次喷淋串联空气处理系统的运行特性时,设定喷淋系统的喷水系数 μ=1.0,喷水压力 P=0.2MPa,喷淋装置位于无压尾水洞的末端。在该条件下计算在引风风速分别为 1.0m/s、1.5m/s、2.0m/s、2.5m/s、3.0m/s 时的运行特性,结果如图 9-14、图 9-15 所示。

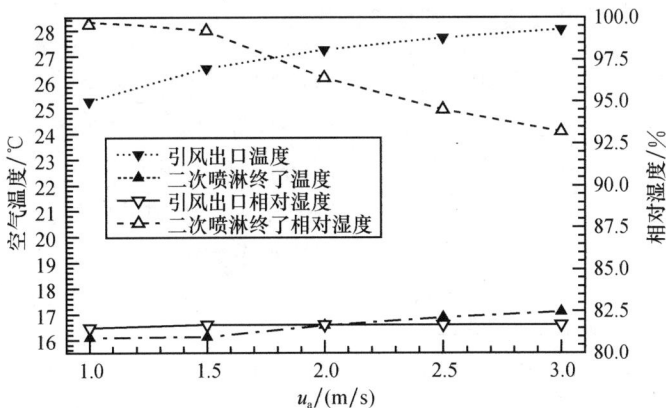

图 9-14　引风风速对处理空气参数的影响

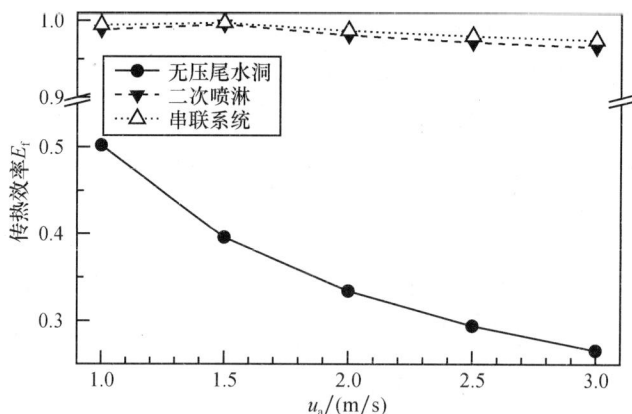

图 9-15　引风风速对传热效率的影响

　　由图 9-14、图 9-15 可知,在无压尾水洞与喷淋装置结构及引风入口空气参数一定条件下,随着引风风速的提高(引风量的增大),无压尾水洞引风出口空气温度逐渐升高,无压尾水洞的传热效率逐渐降低,如在引风风速为 1.0m/s 时,其传热效率为 0.502,而当引风风速提高至 3.0m/s 时,其传热效率降至 0.266,降低了 47%;而在引风风速逐渐升高的过程中,串联系统处理终了空气温度、低温尾水喷淋装置及串联系统总的传热效率 E_f 变化很小,如在引风风速由 1.0m/s 增加至 3.0m/s 时,串联系统处理终了空气温度由 16.1℃ 升高至 17.1℃,仅升高了 1.0℃;而喷淋装置及串联系统总的传热效率分别降低了 0.022 和 0.019。由此表明,在无压尾水洞引风与低温尾水二次喷淋串联空气处理系统中,增大系统的引风虽对一级无压尾水洞引风出口空气参数有所影响,但其对串联系统处理终了空气参数的影响较小。

9.6.2　喷水系数对串联系统运行特性的影响

　　为分析喷水系数对无压尾水洞引风与低温尾水二次喷淋串联空气处理系统运行特性的影响,设定系统的引风风速 $u_a=1.5m/s$,喷水压力 $P=0.2MPa$,喷淋装置位于无压尾水洞的末端。在该条件下计算喷水系数分别为 0.2、0.4、0.6、0.8 及 1.0 时系统的运行特性,结果如图 9-16 所示。

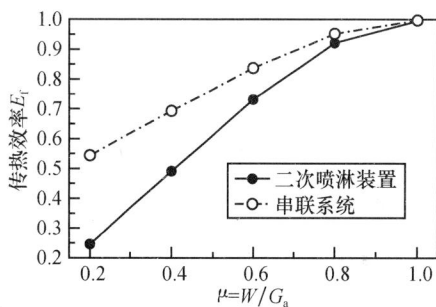

图 9-16　喷水系数对传热效率的影响

　　由图可见,在无压尾水洞引风与低温尾水二次喷淋串联空气处理系统中,在引风量一定条件下,在喷淋装置喷水系数 μ

由 0.2 增加至 0.8 的过程中,喷淋装置及串联处理系统的传热效率 E_f 以线性关系急剧增加。例如 $\mu=0.2$ 时,喷淋装置及串联系统的传热效率分别为 0.246 和 0.544,而当 μ 增加至 0.8 时,其分别增大至 0.995 和 0.997;而后系统的传热效率随喷水系数 μ 的增长幅度逐渐趋于平缓。由此表明,在无压尾水洞与低温尾水二次喷淋空气处理系统中,增加二次喷淋水量有利于提高系统的传热效率,增强串联系统的空气处理效果。

9.6.3　喷水压力对串联系统运行特性的影响

在空气的喷淋处理过程中,喷水压力是影响喷嘴喷出液滴大小的一个主要因素,在其他条件相同条件下,喷水压力越高则系统的喷水系数越高,喷出液滴越细,增大空气与水的接触面积,从而有利于提高空气与水的热湿传递效果。但在实际应用中,为防止水压过大,一般控制喷水压力不超过 0.25MPa。为分析喷水压力对无压尾水洞引风与低温尾水二次喷淋串联系统运行特性的影响,设定系统的引风风速 $u_a=1.5\text{m/s}$,喷水系数 $\mu=1.0$(不考虑喷水压力对喷水系数的影响),喷淋装置位于无压尾水洞的末端,在该条件下计算喷水压力分别为 0.05MPa、0.1MPa、0.15MPa、0.20MPa 时系统的运行特性,结果如图 9-17 所示。

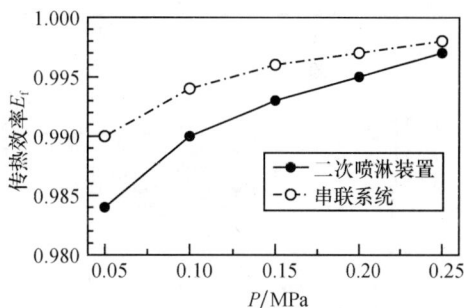

图 9-17　喷水压力对传热效率的影响

由图 9-17 可见,随着喷水压力的升高,喷淋装置及串联系统总的传热效率 E_f 逐渐增大,但因计算中仅考虑喷水压力对喷嘴喷出液滴粒径的影响,而未考虑喷水压力的增加对系统喷水系数的影响。因此,喷淋空气处理系统的传热效率随喷水压力增加的幅度较小,如在喷水压力由 0.05MPa 增加至 0.25MPa 时,喷淋装置的传热效率及串联系统总的传热效率仅分别增加了 1.3% 和 0.8%,相对喷水系数增加对系统传热效率的影响小得多。

9.6.4　喷淋装置位置对串联系统运行特性的影响

在无压尾水洞引风与低温尾水二次喷淋串联空气处理系统中,虽然从水-空气热湿交换原理上讲,无压尾水洞引风及低温尾水喷淋对空气的处理过程类似,但因在此两个空气处理子系统中空气与水的接触程度不同,其对空气的处理效果各异。因此,在此串联空气处理系统中,为达到对引入空气的最佳处理,需对喷淋装置在无压尾水洞中设置位置进行研究与分析。而喷淋装置在无压尾水洞中的设置位置不同,则该串联系统对空气的处理过程也大不相同,如当喷淋装置设置于无压尾水洞引风入口段时,从洞外引入的空气首先经低温尾水喷淋处理,而后再经无压尾水洞进行二次串联处理,即串联系统按低温尾水喷淋优先处理的模式运行;当喷淋装置设置于无压尾水洞中间某一位置时,从洞外引入的空气首先经第一段无压尾水洞进行预处理,再经喷淋装置喷淋处理,最后喷淋处理后的空气经第二段无压尾水洞进行三次处理;当喷淋装置设置于无压尾水洞末端(即引风出口)时,从洞外引入的空气先经无压尾水洞进行热湿处理,尾水洞处理后的空气再经喷淋装置进行二次串联处理,即串联系统按无压尾水洞优先处理的模式运行。

为分析喷淋装置位置对串联系统运行特性的影响,设系统的引风风速 $u_a=1.5\text{m/s}$,喷水压力 $P=0.2\text{MPa}$,喷水系数 $\mu=1.0$,在该条件下喷淋装置在不同位置时串联系统的运行特性如图 9-18 和图 9-19 所示。

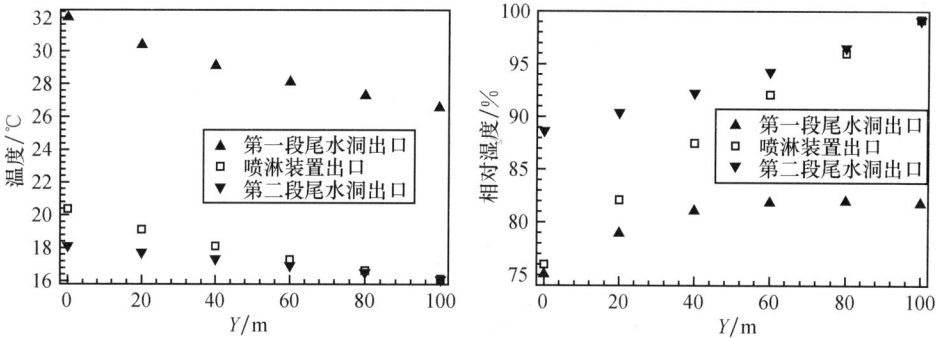

图 9-18 喷淋装置位置对处理空气参数的影响

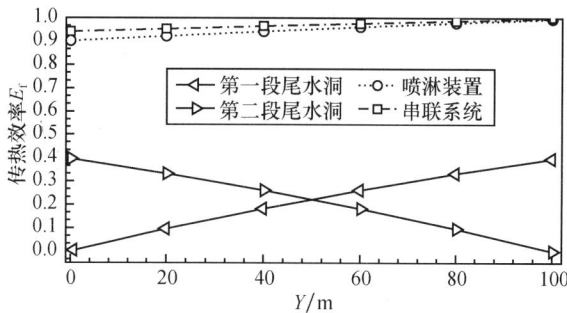

图 9-19 喷淋装置位置对传热效率的影响

图 9-18 表示喷淋装置处于无压尾水洞不同位置 Y(Y 以距无压尾水洞引风入口距离计)时各空气处理子系统处理终了空气参数。由图可见,当喷淋装置距无压尾水洞引风入口越远(即 Y 越大)时,无压尾水洞引风与低温尾水二次喷淋串联空

气处理系统对空气的处理效果越好,处理终了空气参数越接近对应尾水温度的饱和状态,如当喷淋装置置于无压尾水洞引风入口段时(即 $Y=0$ 位置,喷淋装置优先处理模式),串联系统处理终了空气参数为:干球温度 18.2℃,相对湿度 88.7%;而当喷淋装置置于无压尾水洞引风出口(即 $Y=100$ 位置,无压尾水洞优先处理模式)时,串联系统处理终了空气参数为:干球温度 16.1℃,相对湿度 99.2%,相比处理终了空气温度降低了 2.1℃,相对湿度升高了 10.5%。串联系统总的传热效率也由喷淋装置优先处理模式的 0.941 提高至无压尾水洞优先处理模式的 0.997,提高了 5.6%,如图 9-19 所示。

由此表明,在无压尾水洞引风与低温尾水二次喷淋串联空气处理系统中,为提高系统的空气处理能力及实现对空气的良好热湿处理,宜将低温尾水二次喷淋装置设置于无压尾水洞引风出口位置,即设置为无压尾水洞优先处理的模式。

本 章 小 结

对于长度有限无压尾水洞引风系统,因空气与尾水表面及洞壁面之间的接触不完善,导致从洞外引入的空气在无压尾水洞中不能得到充分的热湿交换,使经无压尾水洞处理后的空气难以满足电站通风空调系统的送风参数要求,从而极大限制了无压尾水洞引风技术的工程应用。

为突破尾水洞长度对无压尾水洞引风技术应用的限制,拓展其应用范围,本章提出了无压尾水洞引风与低温尾水二次喷淋串联空气处理系统,以实现在无压尾水洞长度有限条件卜对空气的良好热湿处理。在对低温尾水喷淋过程热力特性分析的基础上,建立了顺流与逆流式水-空气处理系统的数学模型并得出了模型的解析解。同时结合第 8 章有限长度无压尾水洞引风过程的热工计算方法,提出了无压尾水洞引风与低温尾水二次喷淋串联系统空气参数的计算方法,并分析了引风量(引风风速)、喷水系数、喷水压力及喷淋装置位置等参数对无压尾水洞引风与低温尾水二次喷淋串联空气处理系统运行特性的影响,为串联空气处理系统的运行调节及通风空调系统送风参数的有效控制提供了理论依据,并为实现对具有无压尾水洞引风条件的水电站通风空调系统的"无冷机"运行奠定了理论与技术基础。

参 考 文 献

[1] 宋垚臻.空气与水逆流直接接触热质交换过程模型计算及与实验比较.化工学报,2005,56(6):999~1003.

[2] 李刚,黄翔,颜苏芊,吴冬梅.喷水室热、质传递的理论分析.纺织高校基础科学学报,2002,

15(4):337～340.

[3] 张寅平,朱颖心,江亿.水-空气处理系统全热交换模型和性能分析.清华大学学报,1999,39(10):35～38.

[4] 张寅平,张立志,刘晓华等.建筑环境传质学.北京:中国建筑工业出版社,2006.

[5] 黄翔,朱昆莉,周阳等.近年来空调喷水室喷嘴的理论与实验研究.建筑热能通风空调,2001,(4):1～5.

[6] 李刚,黄翔,颜苏芊.空调用喷水室热工性能的研究.流体机械,2002,30(增刊):265～268.

[7] 葛克山等.湿帘中气-液传质系数及压降的测定.中国农业大学学报,1999,4(2):82～85.

第 10 章　无压尾水洞引风技术的工程应用

10.1　概　　述

在前面的几章中,我们针对目前水电站无压尾水洞引风技术应用中存在与亟待解决的关键问题,对无压尾水洞引风技术的理论进行了全面的阐述。在水-空气热湿交换理论基础上建立了无压尾水洞引风过程的热湿交换模型,并通过现场测试与模拟试验进行了验证;同时为满足工程设计计算的需要,建立了长无压尾水洞及短无压尾水洞引风过程的简化模型,提出了无压尾水洞引风过程的热工计算方法;结合工程实际情况,为突破无压尾水洞长度对引风技术应用的限制,拓展其应用范围,提出了无压尾水洞引风与低温尾水二次喷淋串联空气处理技术及串联空气处理系统的热工计算方法,并对串联空气处理系统的运行特性进行了研究与分析。这些内容为水电站无压尾水洞引风技术提供了较为完备的理论基础,同时也为无压尾水洞引风技术的工程应用提供了理论依据与技术保障。

本章主要在无压尾水洞引风技术理论的基础上,结合瀑布沟水电站的工程状况及地下厂房结构与负荷特点,对该电站地下厂房通风空调系统应用无压尾水洞引风方案进行阐述。

10.2　瀑布沟水电站概况

瀑布沟水电站位于大渡河中游,地处四川省西部汉源与甘洛两县交界处,距成都市直线距离约200km,电站采用堤坝式开发,是一座以发电为主兼有防洪拦沙等综合利用的大型水电工程。电站装机 6 台,单机容量为550MW,总装机3300MW,多年平均发电量145.8 亿 kW·h。厂房深埋于左岸山体内,埋深220～360m,距河边400m,引水发电系统由进水口、压力管道、主副厂房、主变室、尾水闸门室、无压尾水隧洞等组成。主厂房尺寸为 294.1m×26.8m×70.1m(长×宽×高),无压尾水隧洞断面尺寸为20m×24.2m(宽×高),尾水洞两条,其长度分别为1137.7m 和1075.3m。

10.2.1　气象参数

瀑布沟水电站附近,沿大渡河自上而下有汉源县气象站、峨边气象站、铜街子气象站。在三个气象站中,汉源县气象站距电站最近,瀑布沟水电站室外气象参数取自汉源县气象站,室外设计参数如表 10-1 所示,电站库区各月份平均气温如表 10-2 所示。

表 10-1　瀑布沟水电站室外设计参数(汉源气象站)

项　目	参　数	项　目	参　数
室外多年平均温度	17.8℃	夏季空调日平均温度	29℃
极端最高温度	40.9℃	夏季通风计算相对湿度	60%
极端最低温度	−3.3℃	累年最热月平均相对湿度	76%
最热月平均计算温度	25.9℃	冬季空调计算温度	3℃
多年平均相对湿度	68%	冬季通风计算温度	8℃
夏季通风计算温度	29℃	冬季空调计算相对湿度	57%
夏季空调计算干球温度	32.8℃	夏季室外大气压	927.9kPa
夏季空调计算湿球温度	25.3℃	冬季室外大气压	915.9kPa

表 10-2　瀑布沟电站库区月份平均气温

月　份	1	2	3	4	5	6	7	8	9	10	11	12	年　均
气温/℃	8.4	10.2	14.7	19.0	22.1	23.5	25.7	25.5	21.9	18.3	14.2	10.0	17.8

10.2.2　地下厂房室内设计参数

根据《水力发电厂厂房采暖通风与空气调节设计技术规程》(DL/T5165—2002),确定瀑布沟水电站地下厂房各主要区域的设计参数如表 10-3 所示。

表 10-3　地下厂房主要功能区设计参数

地　点	夏　季		冬　季	
	温度/℃	湿度/%	温度/℃	湿度/%
发电机层	≤27	≤75	≥13	≤70
电气夹层	≤27	≤70	≥13	≤70
水轮机层、蜗壳层	≤26	≤75	≥12	≤70
副厂房一般房间	≤26	≤70	≥13	≤70
中控室、通讯室	24±2	50±10	20±2	50±10
计算机室	24±2	50±10	20±2	50±10
母线道	≤35	不规定	≥15	不规定
主变室	≤35	不规定	≥15	不规定
其他电气设备房间	≤33	≤70	≥13	≤70

10.2.3　地下厂房发热量分布

根据室内设计参数及机电设备的发热情况,按照《水力发电厂厂房采暖通风与空气调节设计技术规定》(DL/T5165—2002)及《采暖通风与空调》中的计算方法，在全厂 6 台发电机组满负荷运行时，厂内设备及照明系统的总发热量为 5438kW，地下厂房内各主要区域的发热量如表 10-4 所示。

表 10-4　地下厂房发热量

序　号	区　域	发热量/kW	序　号	区　域	发热量/kW
1	发电机层	1163	5	母线洞(6 条)	2210
2	水轮机层	163	6	主变洞	872
3	水泵室	140	7	地下副厂房	581
4	电气夹层	309		总计	5438

10.2.4　瀑布沟电站水库水温分布

根据水库水温分布的结构特点，水库水温结构可分为分层型和混合型两种结构形式。分层型水温分布是指水库随季节变化，上下层水温发生不同的变化；而混合型水温分布则是指全年水库上下层水温没有明显的区别，基本保持天然河流状态[1]。水库水温是一个受诸多因素综合影响的参数，根据国外经验及《水利水电工程水文计算规范》(SL278—2002)中推荐的公式对水库水温结构分布进行判别[2]：

$$\alpha = \frac{W}{V_c} \tag{10-1}$$

$$\beta = \frac{W_h}{V_c} \tag{10-2}$$

式中：α、β 为判别系数；W 为多年平均年径流量，m^3；V_c 为水库总库容，m^3；W_h 为一次洪水总流量，m^3。

当 $\alpha < 10$ 时，水库水温分布为分层型；当 $\alpha > 20$ 时，水库水温分布为混合型；当 $10 < \alpha < 20$ 时，水库水温分布为过渡型。在温度分层型水库中，如遇 $\beta > 1$ 的大洪水，水库的水温分布也往往会成为临时的混合型；而遇 $\beta < 0.5$ 的洪水时，洪水对水库的水温结构没有大的影响。

对瀑布沟水电站水库，水库的 α 值为 7.7；采用 7 日与 15 日洪水量计算得出的 β 分别为 0.54 和 1.03。由此判断，瀑布沟水库水温为稳定的分层型结构，当发生历时较长、较大的洪水时，水库水温会出现临时的混合型分布。

因此，根据第 2 章介绍的水库水温预测方法并结合瀑布沟电站水库的特点，在表 2-2 所示水库运行工况条件下可采用朱伯芳法计算得到瀑布沟电站水库各月水温分布如图 2-3 及表 2-3 所示，水库各月份取水点平均水温，即无压尾水洞内各月份平均尾水温度如图 10-1 所示。

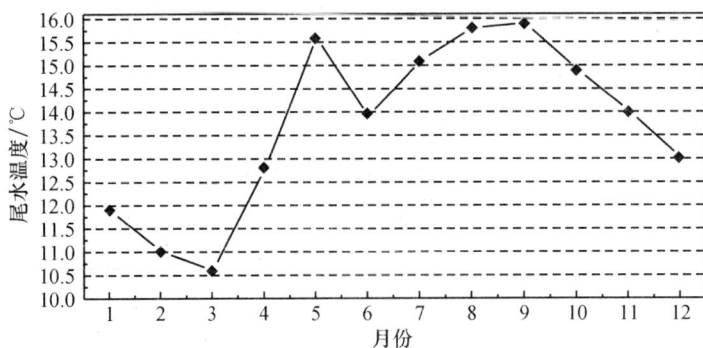

图 10-1　瀑布沟电站各月平均尾水温度

10.3　瀑布沟水电站无压尾水洞引风特性

为计算和分析瀑布沟水电站无压尾水洞在各运行工况下的引风热湿交换特性,本节将在无压尾水洞引风技术理论研究基础上,对瀑布沟水电站无压尾水洞引风系统在典型工况连续多年的运行特性进行计算与分析,以确定瀑布沟水电站无压尾水洞引风系统在长周期运行条件下引风特性及在典型工况下无压尾水洞引风出口的全年空气参数变化规律;同时校核瀑布沟水电站在设计洪水位及校核洪水位下的引风特性,为瀑布沟水电站通风空调系统无压尾水洞引风技术的应用可行性提供理论依据,同时也为瀑布沟水电站通风空调系统的设计提供依据。

根据瀑布沟电站地下厂房通风空调方案的设计计算(见 10.4 节),瀑布沟水电站单条无压尾水洞设计引风量为 $60 \times 10^4 \mathrm{m}^3 / \mathrm{h}$,尾水流量由电站水轮机开启台数而定,正常运行情况下,尾水洞内尾水流量变化范围为 $417 \sim 1251 \mathrm{m}^3 / \mathrm{s}$(单条尾水洞承担 1~3 台水轮机的流量,单台水轮机满负荷运行水流量为 $417 \mathrm{m}^3 / \mathrm{s}$)。因无法预知水轮机在全年运行的开启台数分布,故在工况计算中采用全年水轮机运行台数分别为 1 台、2 台和 3 台三种情况分别进行连续多年的模拟计算,通过计算无压尾水洞内尾水在全流量范围变化的多年引风参数变化规律,便可确定在水轮机开启台数全年连续变化时无压尾水洞引风出口空气参数的变化规律。

计算过程中,因汉源气象站为基本站,无法提供全年的逐时气象参数,所以,在瀑布沟水电站无压尾水洞引风系统全年连续运行工况的计算中,洞外气象参数取成都基准站的全年逐时气象参数。成都气象台与汉源气象站的室外设计气象参数比较如表 10-5 所示,成都气象台全年逐时气象参数如图 10-2。由表 10-5 可见,成都气象站与汉源气象站的室外设计气象参数基本接近。

表 10-5　成都气象台与汉源气象站室外设计参数比较

设计用室外气象参数	单　位	汉源气象站	成都气象台
冬季通风室外计算温度	℃	8	3.0
夏季通风室外计算温度	℃	29	28.6
夏季通风室外计算相对湿度	％	60	70
冬季空气调节室外计算温度	℃	3	1.2
冬季空气调节室外计算相对湿度	％	57	84
夏季空气调节室外计算干球温度	℃	32.8	31.9
夏季空气调节室外计算湿球温度	℃	25.3	26.4
夏季空气调节室外计算日平均温度	℃	29	27.9
冬季室外大气压力	kPa	915.9	965.1
夏季室外大气压力	Pa	927.9	947.7
极端最低温度	℃	-3.3	-5.9
极端最高温度	℃	40.9	37.3

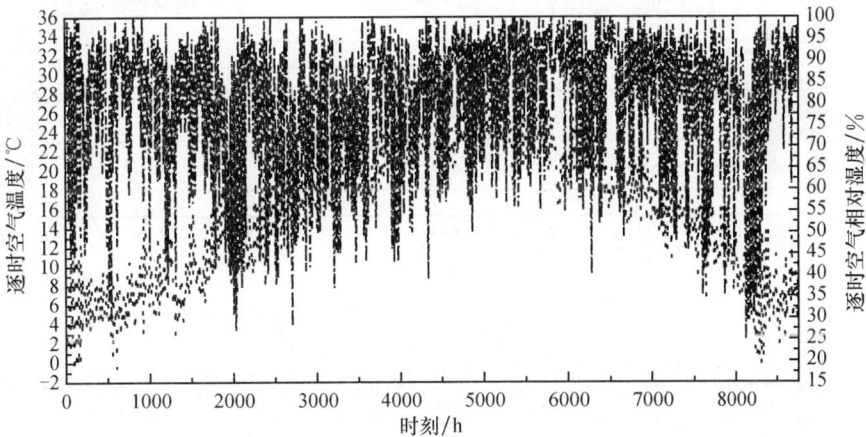

图 10-2　成都气象台全年逐时气象参数

　　瀑布沟水电站地区岩层整体为粗粒花岗岩,岩层的物性参数为:密度为 2722kg/m³,导热系数为 2.21W/(m·℃),比热容为 0.93kJ/(kg·℃)。岩层的初始温度为 17.8℃(近似取当地全年平均气温),远边界层厚度取为 10m,尾水洞长度取平均值为 1000m,瀑布沟电站无压尾水洞断面尺寸如图 10-3 所示。在上述计算参数条件下,对瀑布沟水电站无压尾水洞引风系统在 1 台机、2 台机及 3 台机全年连续运行工况及设计洪水位与校核洪水位下的引风热湿交换特性分别进行计算。

图 10-3　尾水洞断面尺寸

10.3.1　1台机满负荷运行工况

在水电站枯水季节 2 台水轮机组满负荷运行时,单条无压尾水洞内的尾水流量为 417m³/s,尾水深度为 7.58m。在该工况下,当无压尾水洞在设计风量为 $60 \times 10^4 \text{m}^3/\text{h}$ 的定风量运行时,无压尾水洞引风系统 3 年连续运行的计算结果如图 10-4～图 10-9 所示。

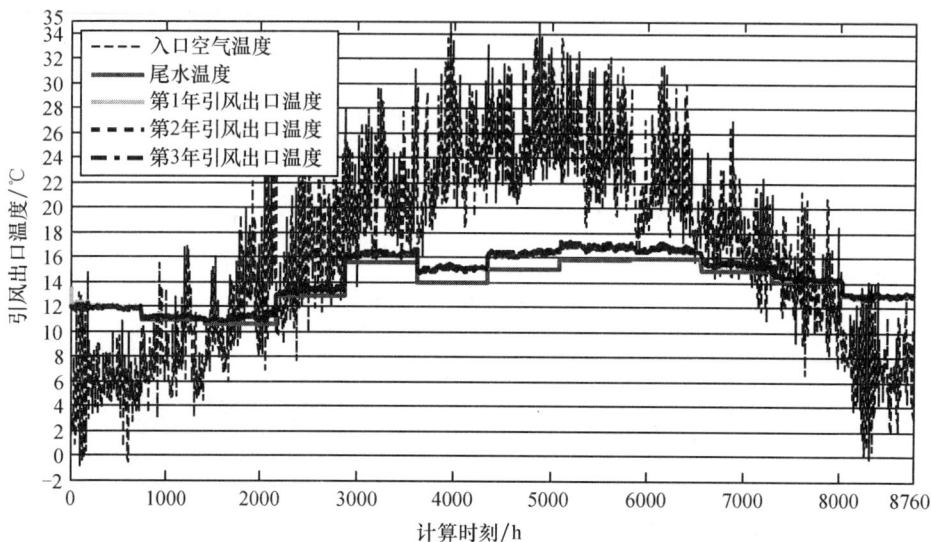

图 10-4　1台机工况全年引风出温度计算结果

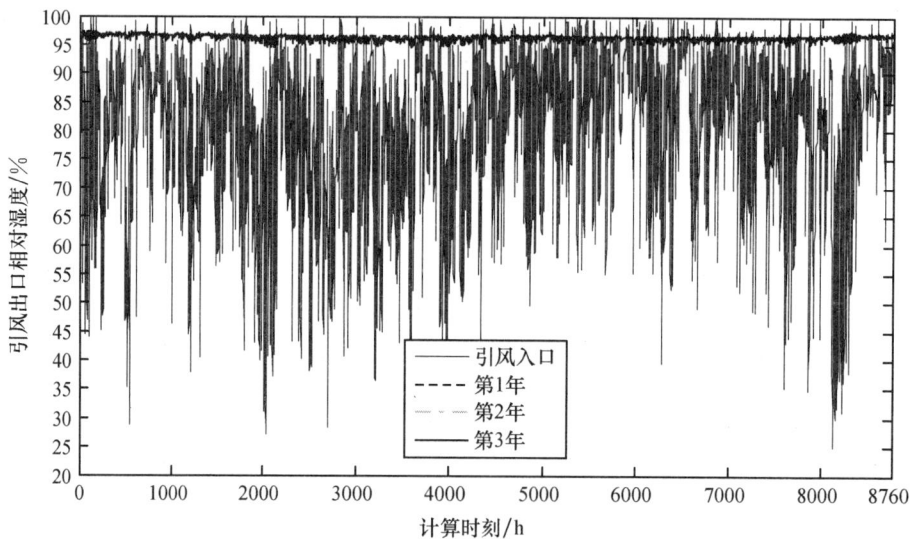

图 10-5　1台机工况全年引风相对湿度计算结果

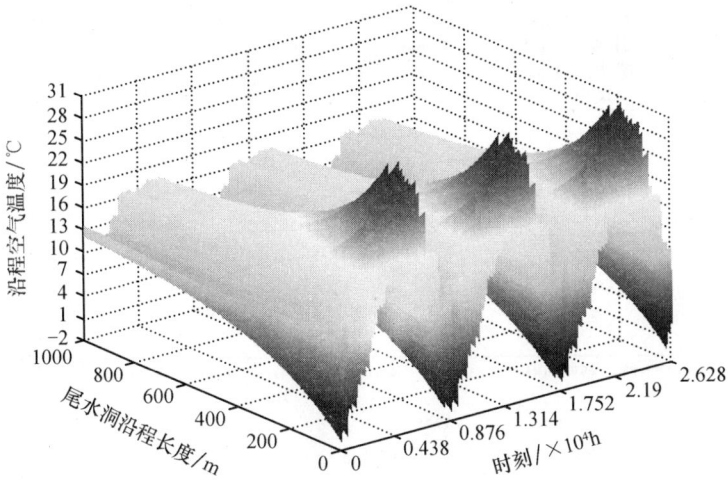

图 10-6　1 台机工况沿程空气温度分布

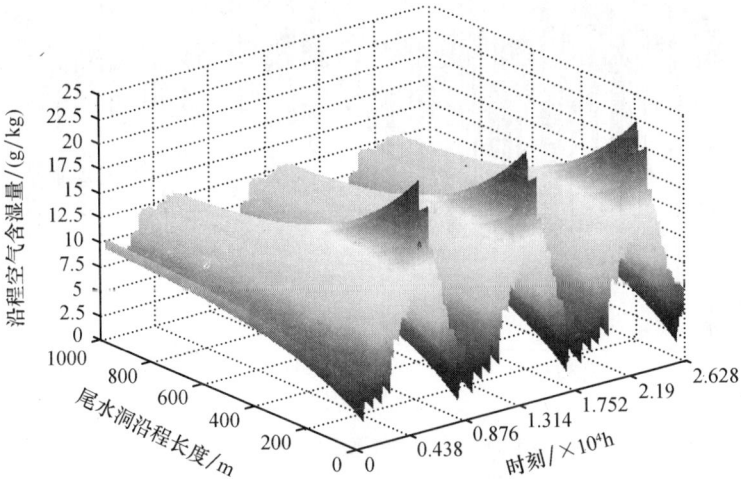

图 10-7　1 台机工况沿程空气含湿量分布

　　图 10-4 和图 10-5 分别为无压尾水洞引风系统在 1 台机满负荷水流量、设计风量工况下连续运行 3 年无压尾水洞引风温度和相对湿度全年逐时变化曲线。由图可见,在该工况下,无压尾水洞引风相对湿度全年保持在 95% 左右,且全年变化平稳;无压尾水洞引风温度接近对应时刻的尾水温度,空气与水温的偏差除在洞外气温较高的 6、7、8 三月份较大(约为 1℃ 左右)外,在其余各月份引风温度基本接近尾水温度,并且在连续 3 年的周期运行中,无压尾水洞引风参数在各年对应时刻基本相等。由此表明,无压尾水洞引风参数受洞体岩层长期热累积效应影响较小,其变化周期与无压尾水洞尾水温度的变化周期相同,均以 1 年为周期连续变化。

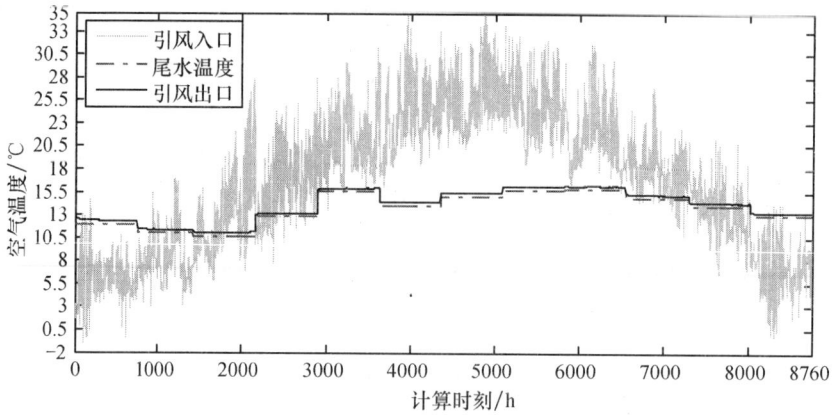

图 10-8　30×10⁴m³/h 风量下全年引风温度变化曲线

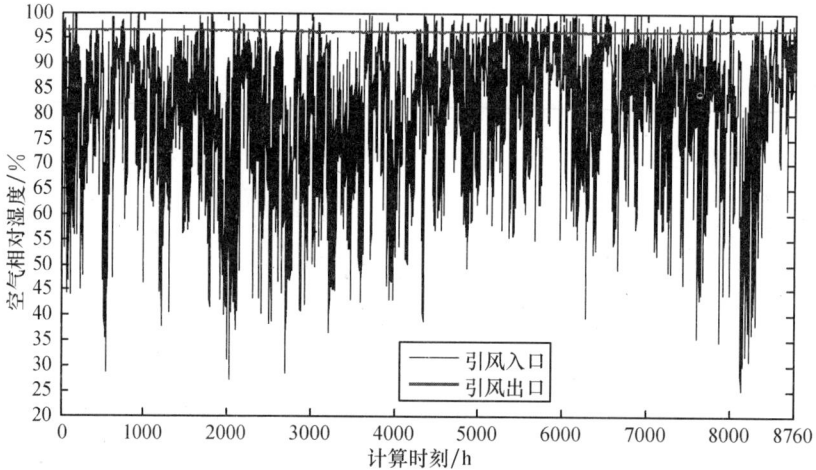

图 10-9　30×10⁴m³/h 风量下全面引风相对湿度变化曲线

　　图 10-6 和图 10-7 分别为无压尾水洞引风系统在连续 3 年的周期运行中,无压尾水洞内沿程空气逐时温度及含湿量分布的计算结果。由图可见,在无压尾水洞的空气入口段,无压尾水洞对空气的热湿处理效果较为显著,随着空气的流动,无压尾水洞对空气的热湿处理能力以近似指数规律逐渐衰减,在空气流经至 500～600m 左右时,尾水洞中的空气参数变化已趋于平缓,空气参数逐渐接近尾水温度对应的饱和状态。

　　在电站厂房中,当水轮机开启台数减小后,厂内的余热负荷也会相应减小,因此,在电站厂房通风空调系统的设计风量基础上,厂房通风空调系统的通风量也需相应减小。图 10-8 和图 10-9 为无压尾水洞引风系统在 1 台机流量、引风量为 30×10⁴m³/h 时连续运行 1 年的引风参数计算结果。

比较图 10-8 与图 10-4 可以看出,在其他引风条件相同的条件下,减小无压尾水洞的引风量,可以进一步降低引风温度,使引风温度更接近对应时刻的尾水温度。例如在最热的 6、7、8 三月份,当引风量为 $60 \times 10^4 \mathrm{m}^3/\mathrm{h}$ 时,引风温度与尾水温度的偏差为 1℃ 左右,而当引风量减小为 $30 \times 10^4 \mathrm{m}^3/\mathrm{h}$ 后,尾水洞引风与尾水温度基本相等,二者偏差很小。

10.3.2　2 台机满负荷运行工况

电站 4 台水轮机满负荷运行时,单条尾水洞的尾水流量为 2 台机的满负荷水流量($834\mathrm{m}^3/\mathrm{s}$),尾水位为 13.33m。在单条尾水洞全年 2 台机满负荷及设计风量 $60 \times 10^4 \mathrm{m}^3/\mathrm{h}$ 工况下,无压尾水洞引风系统全年运行计算结果如图 10-10～图 10-13 所示。

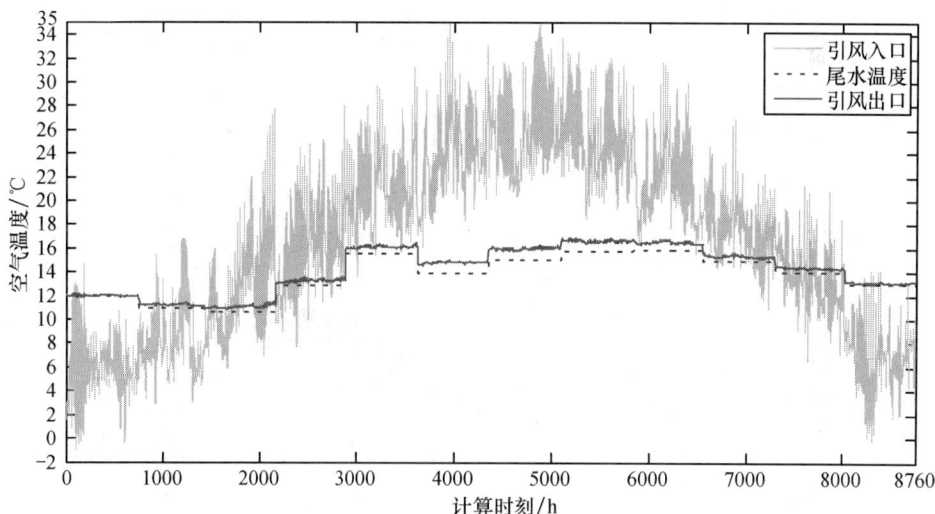

图 10-10　2 台机工况全年引风温度计算结果

图 10-10、图 10-11 分别为设计引风量、2 台机满负荷流量运行工况下无压尾水洞全年引风温度及相对湿度变化曲线图。由图可见,在该工况下,无压尾水洞全年引风相对湿度达到 95% 以上,其值受入口空气参数的影响很小。尾水洞引风温度除在最热的 6、7、8 三个月份外,其余各月份的引风出口空气温度基本达到对应时刻的尾水温度。在 6、7、8 三月份,引风与尾水温度的偏差为 0.5～1.0℃。

图 10-12、图 10-13 分别为在设计引风量及 2 台机满负荷流量运行工况下,空气在无压尾水洞沿程流动过程中逐时温度及含湿量分布计算结果。比较图 10-6、图 10-7 及图 10-12、图 10-13 可以看出,在其他引风条件相同的情况下,由于尾水

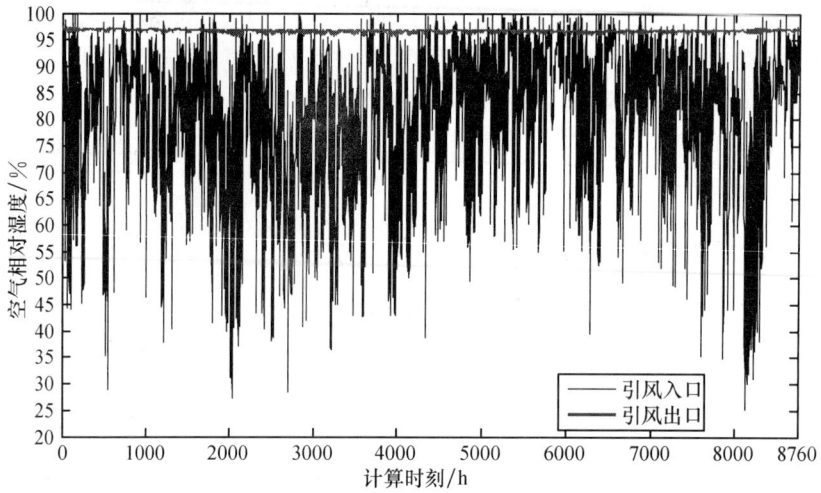

图 10-11　2 台机工况全年引风相对湿度计算结果

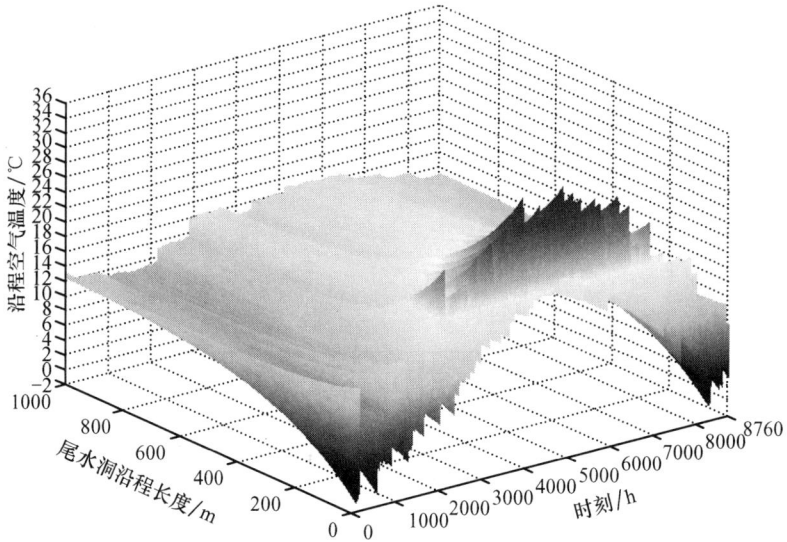

图 10-12　2 台机工况沿程空气温度分布

洞中尾水流量增加导致尾水流速增大,空气与尾水表面之间的热湿交换作用增强,使空气进行热湿处理的有效作用长度(或显著作用长度)由 1 台机运行工况的 500～600m 减小为 2 台机工况下的 400～500m,有效作用长度约减小了100m。因此,在无压尾水洞引风过程中增大尾水流速可有效增强无压尾水洞对引风的热湿交换作用和减小无压尾水洞引风有效作用长度。

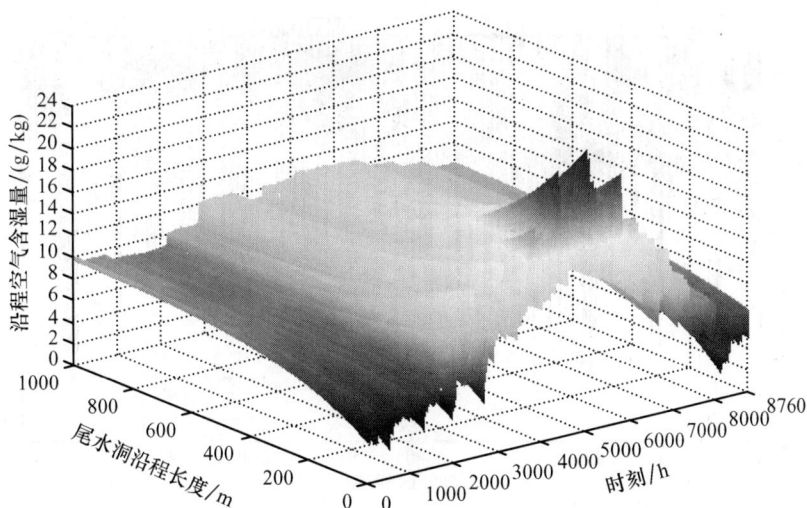

图 10-13 2 台机工况沿程空气含湿量分布

10.3.3 3 台机满负荷运行工况

在水电站丰水季节,水轮机组全部投入运行,单条无压尾水洞内的尾水流量为 1251m³/s,尾水位 13.33m,在单条尾水洞全年 3 台机满负荷及设计风量 60×10⁴m³/h 工况下,无压尾水洞引风系统全年运行计算结果如图 10-14~图 10-17 所示。

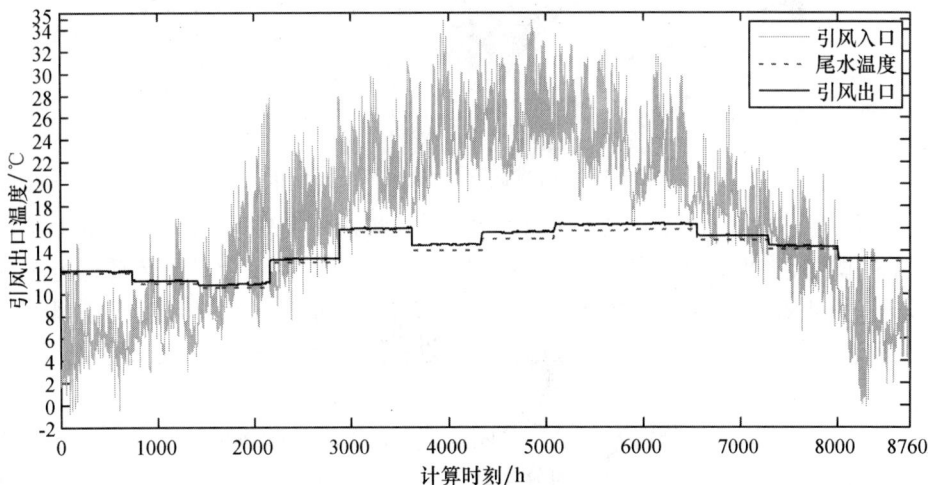

图 10-14 3 台机工况全年引风温度计算结果

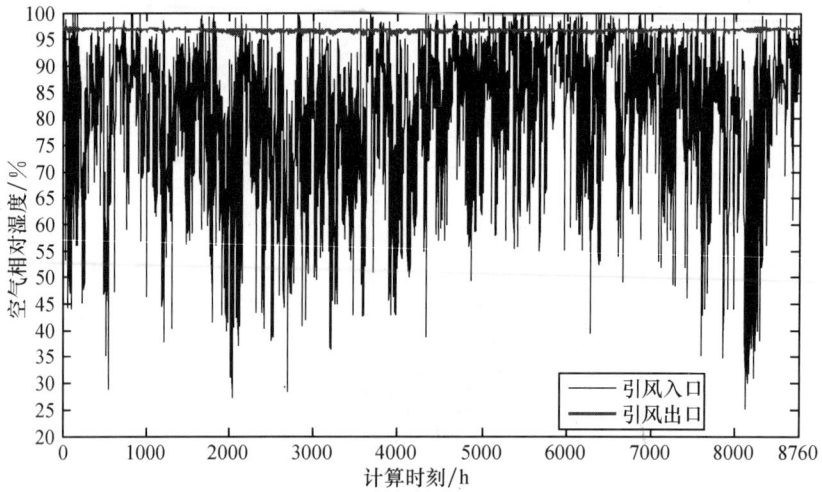

图 10-15　3 台机工况全年引风相对湿度计算结果

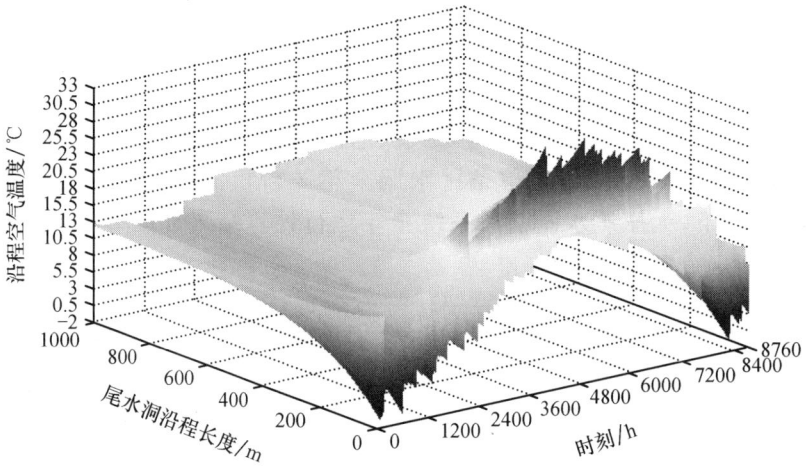

图 10-16　3 台机工况沿程引风温度分布

图 10-14、图 10-15 分别为额定引风量、3 台机满负荷流量运行工况下无压尾水洞全年引风温度及相对湿度变化曲线图。由图可见,在 3 台机满负荷运行工况下,无压尾水洞全年引风相对湿度为 97% 左右,且全年引风相对湿度受引风入口空气参数变化的影响很小,全年保持相对稳定;无压尾水洞全年引风温度接近对应时刻的尾水温度。

图 10-16、图 10-17 分别为在设计引风量及 3 台机满负荷流量运行工况下无压尾水洞沿程逐时空气温度及含湿量的分布图。由图可见,在该运行工况下,因尾水流速的进一步增大,在无压尾水洞的空气入口段,尾水洞对空气热湿处理能力进一步增强,无压尾水洞对空气热湿处理的有效作用长度(或显著作用长度)减小到 400m 左右。

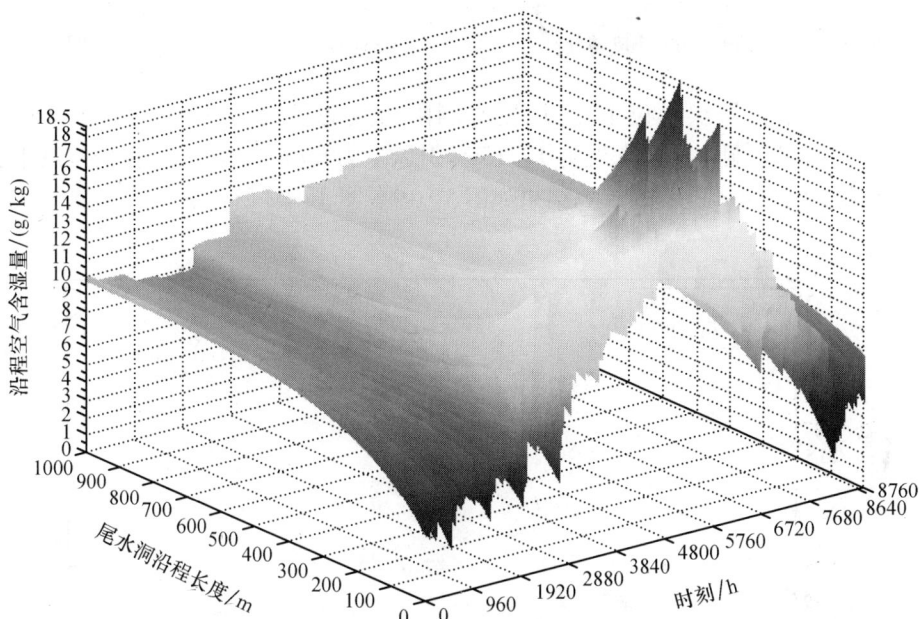

图 10-17　3 台机工况沿程引风含湿量分布

10.3.4　洪水位引风参数

为确保在洪水位情况下电站厂房通风空调系统的正常、可靠运行,需对在洪水位下无压尾水洞引风参数进行校核计算。应用第 6 章提出的长无压尾水洞引风过程的热工计算方法,对瀑布沟水电站无压尾水洞在校核洪水位和设计洪水位下进行全风量引风的热湿过程进行校核计算。在洪水位运行工况下,尾水温度取全年最高水温(最不利情况)为 15.9℃,引风入口空气参数取成都市最热一天(7 月 22日)的逐时气象参数,如图 10-18 所示。

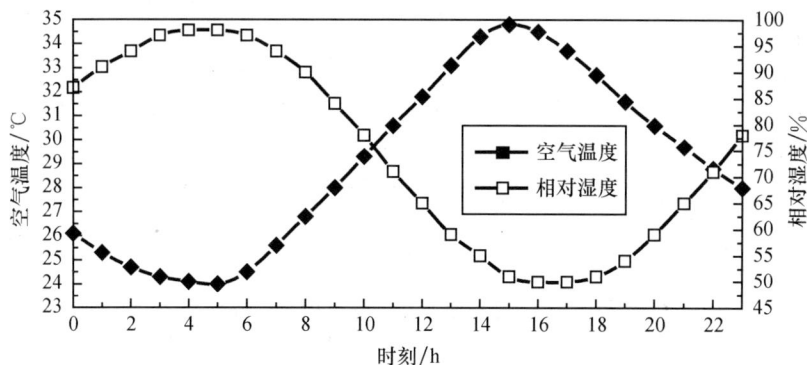

图 10-18　最不利日室外逐时气象参数

1. 校核洪水位下的引风参数

在水电站校核洪水位下，无压尾水洞闸门室的水位为 680.35m，水流量为 10000m³/s，尾水洞中尾水深度为 19.15m，引风量为 $60×10^4 m^3/h$。在校核洪水位下，无压尾水洞引风过程的计算结果如图 10-19～图 10-22 所示。

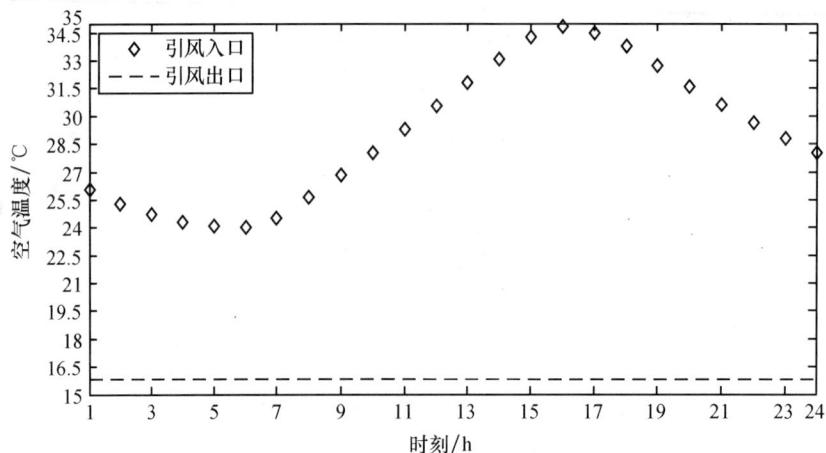

图 10-19　校核洪水位下逐时引风温度

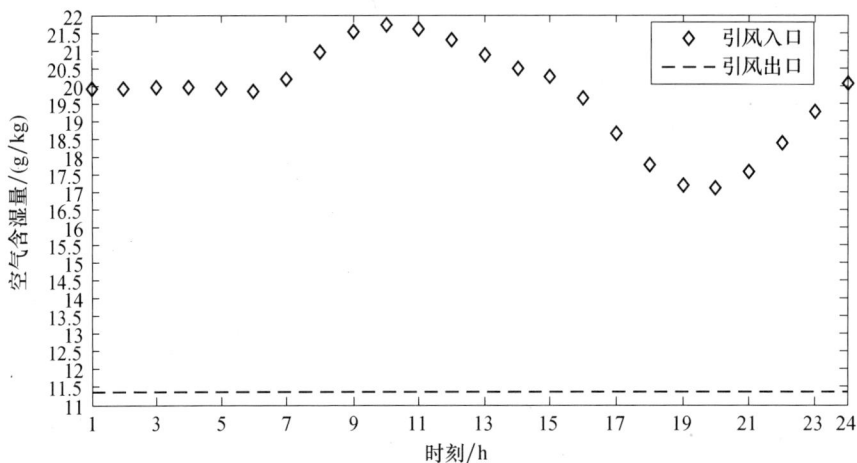

图 10-20　校核洪水位下逐时引风含湿量

图 10-19、图 10-20 分别为在校核洪水位下无压尾水洞引风温度与含湿量的计

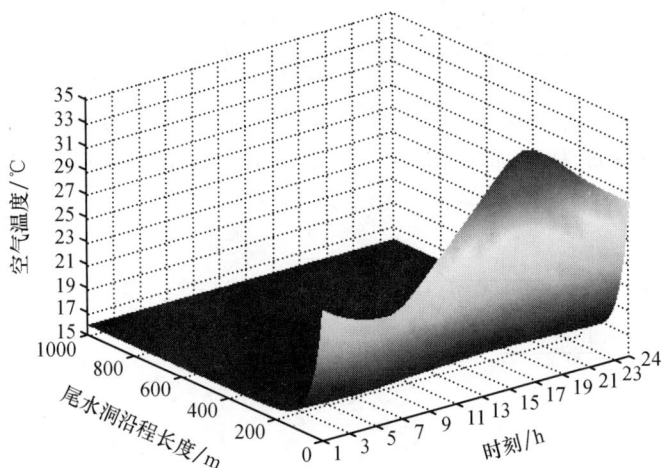

图 10-21　校核洪水位下沿程空气温度分布

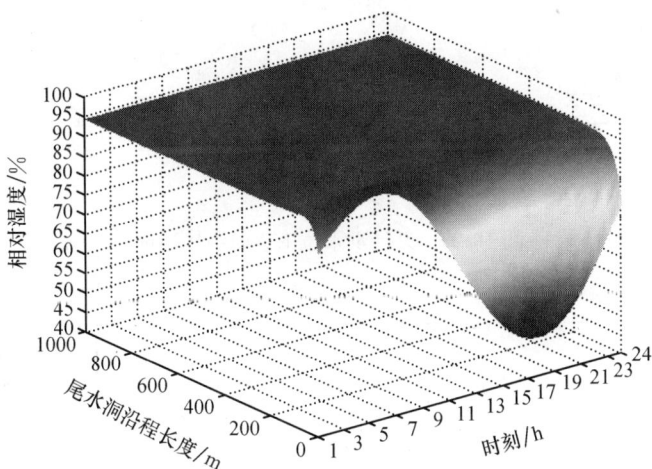

图 10-22　校核洪水位下沿程空气相对湿度分布

算结果。由图可见,在校核洪水位下,无压尾水洞引风参数在各时刻保持平稳,空气参数接近对应尾水温度的饱和状态。

　　图 10-21、图 10-22 分别为校核洪水位下无压尾水洞内逐时空气温度与相对湿度的沿程分布。由图可见,在校核洪水位下,由于尾水流速及引风风速的增大,强化了空气与尾水表面及洞壁面之间的热湿交换作用,在空气流经至尾水洞的 250m 左右的断面时,洞内空气参数已基本接近对应尾水温度的饱和状态。因此,大水流量情况下有利于强化无压尾水洞引风过程的热湿交换作用。

2. 设计洪水位下的引风参数

在水电站设计洪水位下,无压尾水洞闸门室的水位为 679.45m,水流量为 9440m³/s,尾水深度为 18.25m,额定引风量为 60×10⁴ m³/h。在设计洪水位下,无压尾水洞引风过程的计算结果如图 10-23~图 10-26 所示。

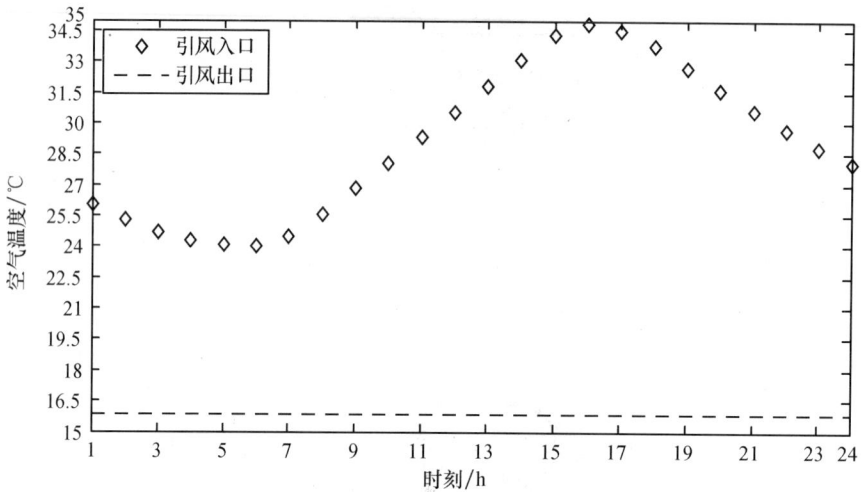

图 10-23 设计洪水位下逐时引风温度

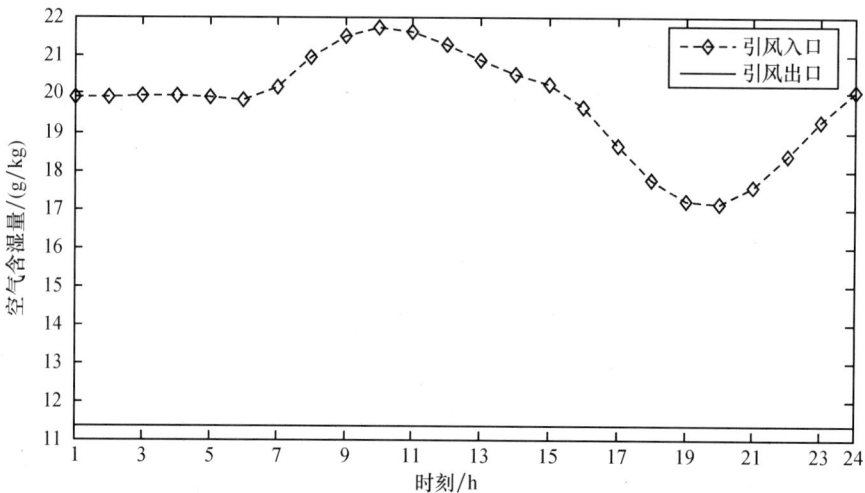

图 10-24 设计洪水位下逐时引风含湿量

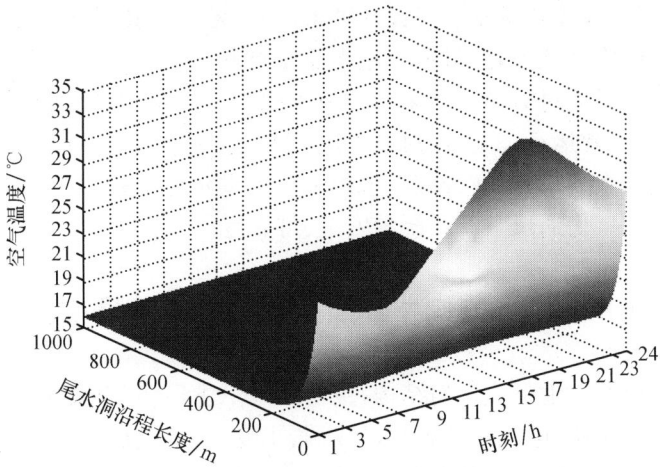

图 10-25　设计洪水位下沿程空气温度分布

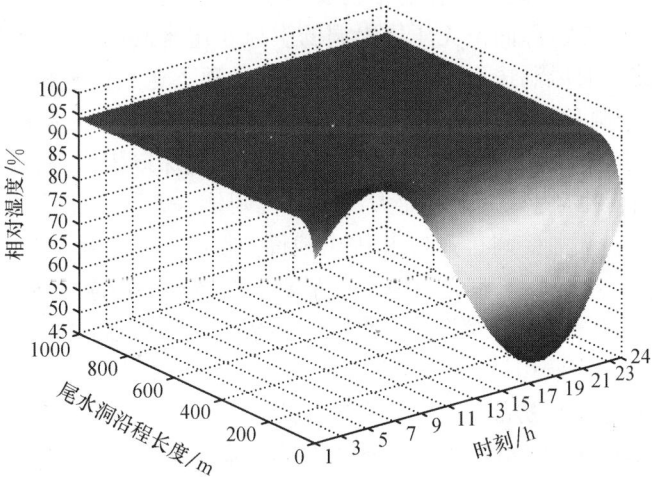

图 10-26　设计洪水位下沿程空气相对湿度分布

图 10-23、图 10-24 分别为设计洪水位下无压尾水洞引风温度与含湿量的逐时计算结果。由图可见,在设计洪水位下,无压尾水洞引风出口空气的温度接近尾水温度;约为 16℃,空气的含湿量约为 11.3g/kg。

图 10-25、图 10-26 分别为设计洪水位下无压尾水洞内沿程空气温度与相对湿度分布的计算结果。由图可见,在设计洪水位、额定风量引风运行工况下,当空气流经至尾水洞 300m 左右断面时,空气的参数已基本接近对应尾水温度的饱和状态。

通过以上对瀑布沟水电站无压尾水洞在校核洪水位及设计洪水位下引风运行

的计算结果表明,在校核洪水位及设计洪水位下,无压尾水洞引风空气参数为接近对应尾水温度的饱和状态,并且增大尾水流量有利于强化无压尾水洞对空气的热湿处理作用。同时通过对计算结果的分析表明,在瀑布沟水电站地下厂房通风空调系统中,如在正常运行工况(或典型工况)下无压尾水洞引风能满足电站通风空调系统的送风参数要求,则在校核洪水位和设计洪水位下采用无压尾水洞引风同样也能满足电站厂房通风空调系统的安全、可靠运行。

10.4 瀑布沟水电站地下厂房通风空调

瀑布沟水电站为地下式厂房结构,主要由地下主厂房(含发电机层、地下副厂房、水轮机层、水泵层、电气夹层等)、母线洞、主变洞、电缆层、尾水闸门室、进厂交通洞、通风洞、排风竖井及两条无压尾水洞相互连接而构成一个复杂的地下通风网络结构,如图 10-27 所示。

根据瀑布沟水电站地下厂房的结构及功能特点,地下厂房通风空调系统采用全空气直流串联方式,即两条无压尾水洞的引风在尾水闸门室汇合进入送风洞后分为两路:一路经通风洞送入主厂房的拱顶,由拱顶下送至发电机层;另一路经送风支洞进入主变洞和电缆层,吸热后的空气从主变洞排风竖井排出厂外。在主厂房的发电机层中,一小部分空气经向下的通风孔和楼梯口依次被抽引至水轮机层和水泵室,然后由排风竖井排出;而大部分空气则依次被抽引送入电气夹层、母线洞,吸热后的空气从主变洞排风竖井排出地面,地下厂房通风空调系统原理如图 10-28 所示。因地下副厂房室内温湿度控制要求严格且该功能区域余热负荷较小,在地下副厂房部分采用水冷螺杆式冷水机组制冷、室内风机盘管加新风的空调方式,新风来自于无压尾水洞引风,根据副厂房的舒适性要求,新风量为 9000m³/h。在本章中我们主要讨论主厂房部分的通风空调方式。

由 10.3 节瀑布沟水电站无压尾水洞在不同运行工况下的引风参数计算分析结果表明,在瀑布沟水电站条件下,除在最热的 6、7、8 月份外,无压尾水洞引风出口空气参数为接近对应尾水温度的饱和状态,即使在最热月份,无压尾水洞引风出口空气温度也只比尾水温度高 1℃ 左右。因此,在采用无压尾水洞引风的通风空调方案设计中,按最不利情况来考虑,即取无压尾水洞引风出口空气参数为温度 17℃、相对湿度为 95%,考虑风机及通风洞的温升后,无压尾水洞引风的计算参数取为温度 18℃、相对湿度 90%。

根据电站厂房各功能区域的负荷分布及串联通风系统的特点,为保证电站地下厂房各区域的温度控制要求,通过迭代计算可得到两条无压尾水洞的引风量为 $120 \times 10^4 \text{m}^3/\text{h}$,各功能区域的风量分配及室内参数的控制结果如图 10-29 及表 10-6 所示。

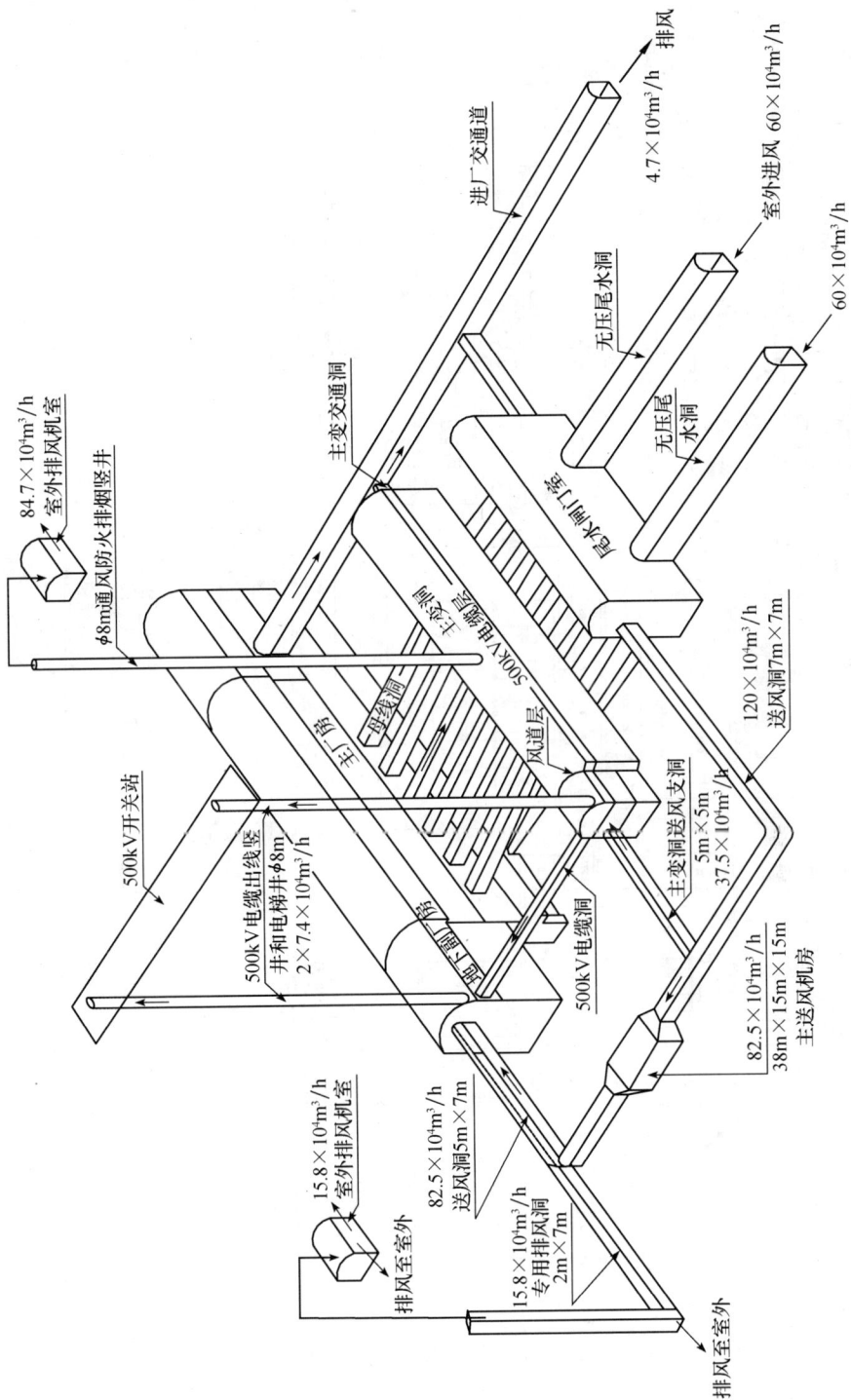

图10-27　瀑布沟水电站地下厂房通风系统结构示意图

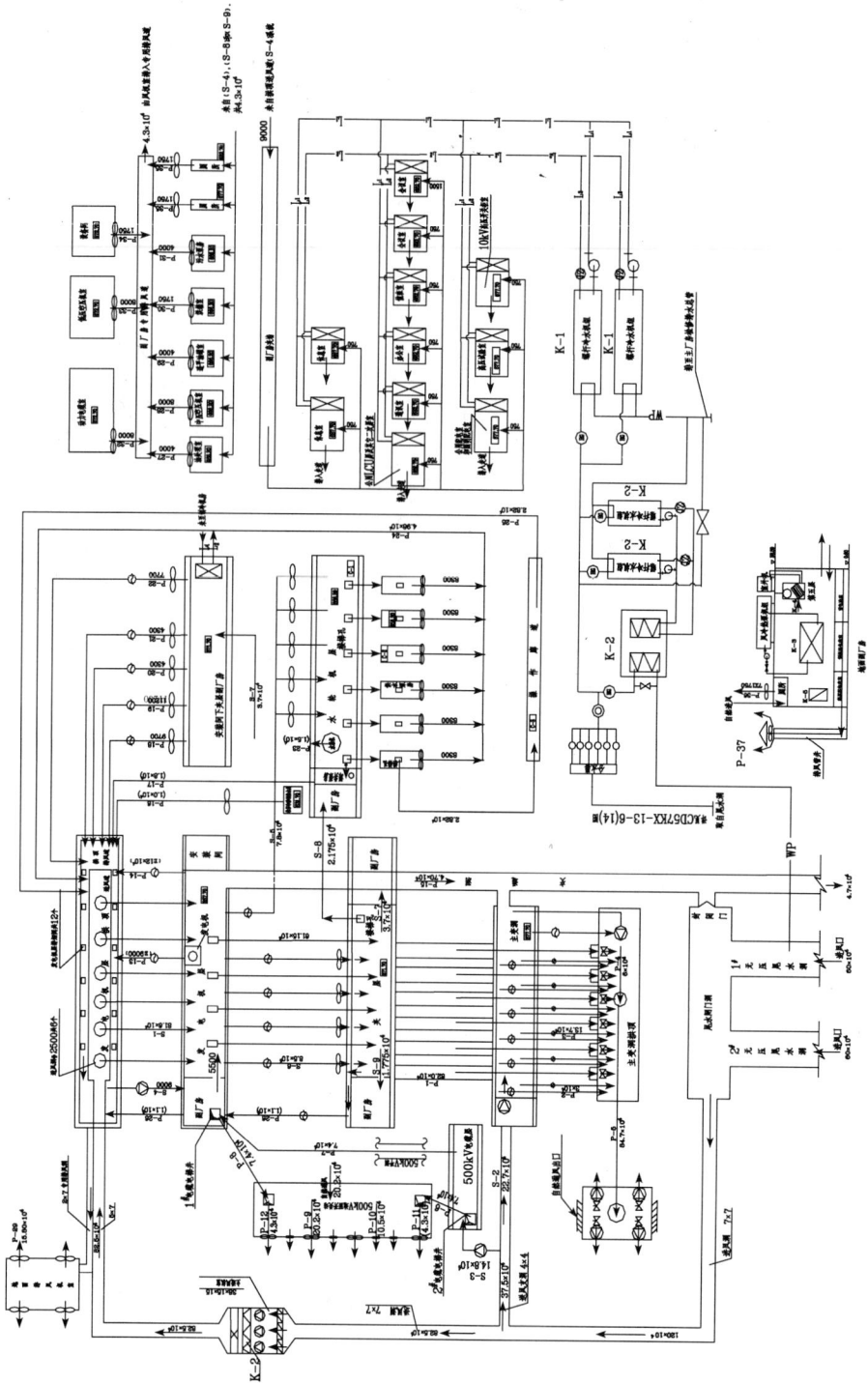

图 10-28 瀑布沟水电站地下厂房通风空调系统图

拱顶

送风道　$t_s=18℃$，$\varphi_s=90\%$

室内参数：
$Q=1163kW$
$t_n=22.2℃$
$\varphi_n=69.6\%$

室内参数：
$Q=163kW$
$t_n=27.6℃$
$\varphi_n=50.3\%$

$82.5×10^4$

9000

$81.6×10^4$

副厂房　发电机层

$7.8×10^4$

副厂房　水轮机层

室内参数：
$Q=309kW$
$t_n=23.1℃$
$\varphi_n=65.7\%$

室内参数：
$Q=2210kW$
$t_n=32.8℃$
$\varphi_n=37.4\%$

副厂房　电气夹层

$69.65×10^4$

$7.8×10^4$

$62×10^4$　母线洞

水泵室

电缆层

$14.8×10^4$

主变洞

$22.7×10^4$

室内参数：
$Q=349kW$
$t_n=24.3℃$
$\varphi_n=61.1\%$

室内参数：
$Q=523kW$
$t_n=24.3℃$
$\varphi_n=61.1\%$

室内参数：
$Q=140kW$
$t_n=34.4℃$
$\varphi_n=34.1\%$

$120×10^4$

尾水闸门室

$t=17℃$，$\varphi=95\%$

无压尾水洞

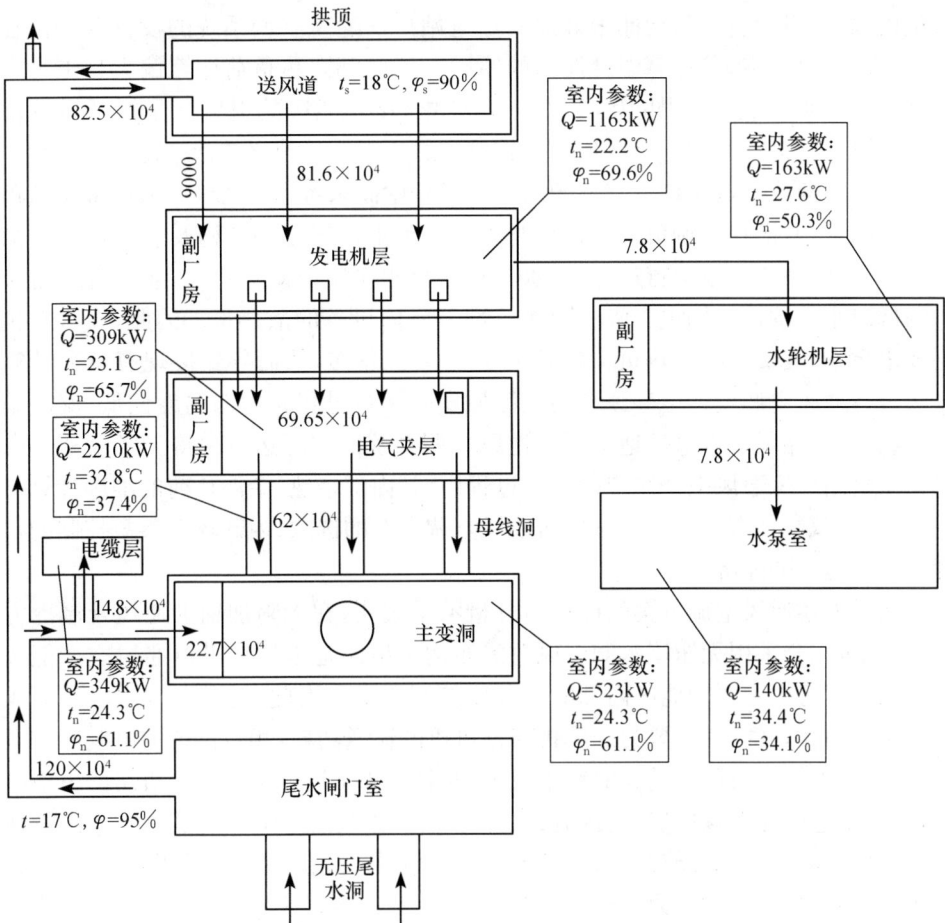

图 10-29　地下主厂房通风系统示意图

表 10-6　全空气直流通风系统参数校核

厂　房	负荷/kW	送风量/(m³/h)	送风参数	厂内参数	备　注
发电机层	1163	$81.6×10^4$	$t_s=18.0℃$，$\varphi_s=90.0\%$	$t_n=21.9℃$，$\varphi_n=70.7\%$	拱顶送风
水轮机层	163	$7.8×10^4$	$t_s=21.9℃$，$\varphi_s=70.7\%$	$t_n=27.6℃$，$\varphi_n=50.3\%$	从发电机层引风
水泵室	140	$7.8×10^4$	$t_s=27.6℃$，$\varphi_s=50.3\%$	$t_n=34.4℃$，$\varphi_n=34.1\%$	从水轮机层引风
电气夹层	309	$69.65×10^4$	$t_s=21.9℃$，$\varphi_s=70.7\%$	$t_n=23.1℃$，$\varphi_n=65.7\%$	从发电机层引风
母线洞	2210	$62×10^4$	$t_s=23.1℃$，$\varphi_s=65.7\%$	$t_n=32.8℃$，$\varphi_n=37.4\%$	从电气夹层引风
主变室	523	$22.7×10^4$	$t_s=18.0℃$，$\varphi_s=90.0\%$	$t_n=24.3℃$，$\varphi_n=61.1\%$	从尾水洞引风
电缆层	349	$14.8×10^4$	$t_s=18.0℃$，$\varphi_s=90.0\%$	$t_n=24.3℃$，$\varphi_n=61.1\%$	从尾水洞引风

从图 10-29 及表 10-6 的计算结果可见，采用无压尾水洞引风对电站地下厂房进行通风空调，除在水轮机层和水泵室计算温度偏高外，在主厂房的其他各功能区

域室内温湿度控制良好,均能很好地满足电站厂房通风空调系统的设计要求。在水轮机层及水泵室,其计算温度偏高的原因在于内部余热负荷计算偏大且未考虑区域内的余湿负荷。在图 10-29 及表 10-6 中,该功能区的引风量是按送风焓值(即发电机层排风焓值)与该区域室内控制参数所对应焓值之差计算得到。

在上述通风空调系统室内参数的计算过程中尚未考虑各功能区域内部湿负荷对系统的影响,即在空调负荷的计算时未计及地下厂房围护结构及室内设备的散湿量,而在电站的实际运行过程中,水轮机层及水泵室散湿量较大,且与各设备接触的低温水及围护结构也会吸收很大一部分室内设备的散热量。因此,在水轮机层及水泵室,其实际的余热负荷均较表 10-4 要低得多,从而导致按现有负荷计算方法进行通风空调设计会导致该功能区域实际运行过程时内部温度偏低、湿度偏大,这一点已在很多水电站地下厂房通风空调系统的实际运行中得到了证实。所以在水电站厂房通风空调系统的设计过程中,其内部余热、余湿负荷的准确计算是一个关键问题,其直接决定电站厂房通风空调方案的选取、内部环境参数控制的精度及系统运行的经济性。

通过上述通风空调方案的计算与分析结果表明,在无附加辅助通风及制冷方式情况下,完全采用无压尾水洞引风对瀑布沟水电站地下厂房进行通风空调能较好地满足厂房内主要功能区内部的温湿度控制要求。因此,对瀑布沟水电站通风空调系统而言,其能耗主要为送风机与排风机的输送功耗,相对传统的电制冷空调系统,免去了耗资及耗电量大的冷水机组,并且减小了通风空调系统机房的占地面积,这对于电站地下式厂房而言则极大降低了工程开挖成本。当然,从技术经济性及可靠性角度出发,对瀑布沟水电站地下厂房除采用无压尾水洞引风的通风空调方案外,还可采用其他的通风空调方案,如利用尾水冷凝的液泵供液直接蒸发式供冷方案(即主动式热管)、水源热泵调温除湿方案等。但结合本书的主题,在本章只对无压尾水洞引风的通风空调方案进行了较为具体的分析,其他各方案的具体比较分析可参见文献[3],[4]。在电站厂房通风空调方案的实际选择和设计过程中,应综合考虑工程的实施条件、工程设计及方案的技术经济性等各方面的因素进行确定。

本 章 小 结

本章在前述各章理论研究基础上,结合瀑布沟水电站的特点,对瀑布沟水电站无压尾水洞引风系统在典型运行工况(1 台机、2 台机、3 台机)下的长周期连续运行特性进行了计算与分析,得出了瀑布沟水电站无压尾水洞引风系统在长周期运行条件下的引风特性及引风出口空气参数的全年变化规律;同时对瀑布沟水电站在设计洪水位与校核洪水位下无压尾水洞的引风特性进行了校核计算。得出如下具体结论：

（1）洞体岩层的长期热累积效应对无压尾水洞引风特性的影响很小，无压尾水洞引风参数的变化周期与尾水温度的变化周期相同，均为 1 年。

（2）在瀑布沟水电站无压尾水洞引风系统中，无压尾水洞引风参数为接近对应时刻尾水温度的饱和状态；同时增大尾水流量有利于强化无压尾水洞引风入口段空气的热湿交换效果；在瀑布沟水电站无压尾水洞典型引风工况下，无压尾水洞对空气热湿处理的有效作用长度（或显著作用长度）为 400～600m。

（3）在瀑布沟水电站校核洪水位及设计洪水位运行工况下，无压尾水洞对空气的热湿处理效果优于典型运行工况。

这些结论为瀑布沟水电站通风空调系统无压尾水洞引风技术的应用提供了理论依据，同时也为瀑布沟水电站通风空调系统的设计提供基础参数。

结合无压尾水洞在不同运行工况下引风参数的计算分析结果，对瀑布沟水电站地下厂房采用无压尾水洞引风进行全直流串联通风的通风空调方案进行了设计计算。结果表明，在瀑布沟水电站采用无压尾水洞引风对地下厂房进行通风空调能较好地满足主要功能区域内部的温湿度控制要求，并具有良好的节能效果和经济效益。

参 考 文 献

[1]　方子云. 中国水利百科全书——环境水利分册. 北京：中国水利水电出版社，2004.

[2]　水利部长江水利委员会水文局. 水利水电工程水文计算规范（SL278—2002）. 北京：中国水利水电出版社，2002.

[3]　余延顺. 水电站无压尾水洞引风过程的热工特性研究及应用［博士后出站报告］. 北京：清华大学，2006.

[4]　余延顺，李先庭，石文星，王政. 瀑布沟水电站地下厂房通风空调方案的探讨. 十五届全国暖通空调年会，合肥，2006.